自家製酒200品

1天也可成的！
果實酒、
蔬菜酒、
花&香草酒、
茶酒及藥用酒
全攻略

福光佳奈子／著

朱雀文化

自序　一起來享受自製酒的樂趣

感謝你翻閱本書。

你好，我是福光佳奈子。我擁有日本蔬菜師協會專業蔬菜師執照（譯註：蔬菜師執照分三級：蔬菜師、專業蔬菜師、高級專業蔬菜師），同時也是一名藥酒配方研發人員。

以下容我介紹自己接觸藥酒釀製的淵源。

當我還是一名上班族時，因為太過喜歡梅酒，瘋狂到從日本各地搜刮訂購，最後為了找出心中的梅酒黃金比例，於2005年第一次嘗試自釀梅酒，從此開啟我的藥酒生涯。

除了梅酒以外，我還試著用其他水果浸泡藥酒，經過多方嘗試，發現水果的新鮮度及品種，都會影響藥酒的口感及營養價值。於是，為了加強自己對蔬果的專業知識，我於2008年考取蔬菜師執照。

取得執照後，不限於水果，我開始利用蔬菜、漢方藥材、香草等來釀酒，自創的藥酒配方不斷增加，同時也研發調酒酒譜，或是將藥酒入菜做為料理酒使用，當作一般嗜好，享受釀製藥酒的樂趣。

然而，上班族的每一天，業務繁重，每月加班累計超過200小時。最終，我罹患慢性失眠，思考能力嚴重受損，連最簡單的日常對話都無法理解，長期全身疲倦，並患有嚴重頭痛。為了自救，找回睡眠及健康，我全心投入了解食材的營養及功效，才發現自己平日不加思索食用的食物，其實都具有某種程度的「藥效」。

在我了解食材的藥效後，將其做成藥酒服用，並且努力定時就寢，早睡早起，養成早晨散步習慣，上述症狀終於逐漸減緩，人也變得積極開朗，明顯的轉變，讓周遭朋友也大吃一驚。

隨著身心越見健康，更加深我對藥酒的興趣，並且納入食用花或是在日本僅有少數栽培的稀有水果等，食材範圍至今仍不斷擴大。

本書中我將介紹200種藥酒配方及功效，並講解如何挑選材料、建議的飲用方式等，多方位展現藥酒魅力，期盼能在各位釀製藥酒上提供微薄之力。

專業蔬菜師　福光佳奈子

目錄

編註：書中照片與「品嚐時間」會有些許差異，這是作者有時會挑選作品最美的時機拍照。「品嚐時間」是作者建議至少封存浸泡後可以開始飲用的時間，並非表示只能在那個時候開封。如果想存放更久一點再喝，或者開封了卻沒有喝完，只要保存好就沒有問題。

冬天的浪漫

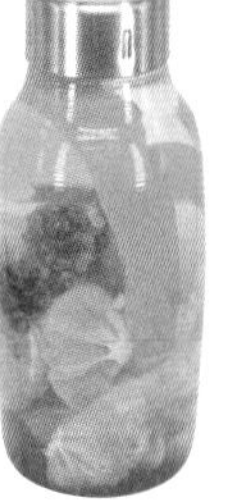

整年的溫度

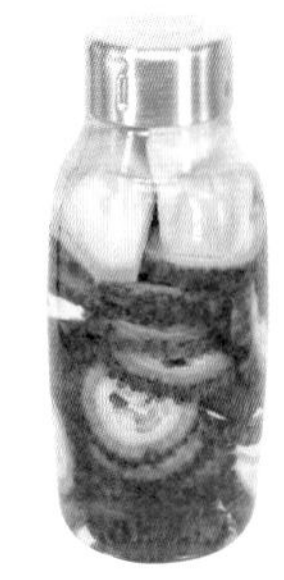

第3章 花&香草酒……121

第4章 茶葉酒……155

第5章 藥用酒……163

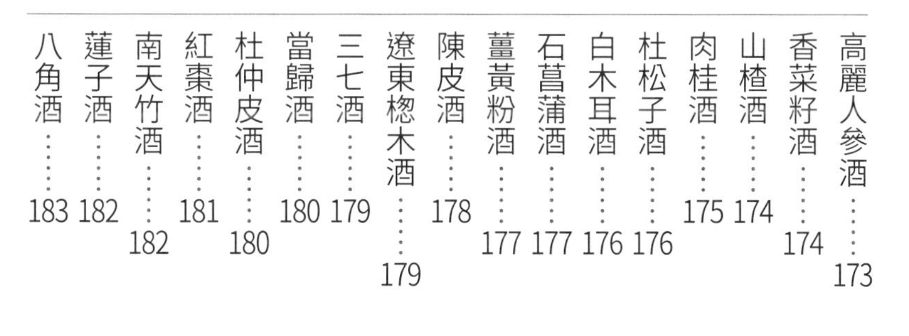

第6章 其他酒……191

自製酒Q&A……201

釀製前的提醒事項

歡迎來到藥酒（包含水果酒、蔬菜酒、花酒、草本酒、茶酒等）世界。
本書的藥酒配方不僅健康、養顏美容，而且環保。
總之，藥酒的無窮魅力，等你來探索。

平時丟棄的部分 反而富含營養素

依水果種類，有些不只會浸泡果實，就連平時丟棄的果皮、種籽、莖幹等部分都可以拿來釀製，藉此萃取優質又美味的食物精華，而且不僅能取得豐富營養素，本書亦實踐環保精神，介紹再利用方法，將浸泡過的果實做成果醬、果昔。

能將這些大自然孕育出來的恩惠徹底運用，也是藥酒魅力之一。

小瓶裝輕鬆好做的 少量藥酒配方全集

一說到釀造水果酒，你心中是否浮現釀製梅酒的大酒甕？

本書中介紹的藥酒配方，提供輕鬆好做的分量，保存容器多以500毫升至1.4公升為主。小容器還有一個好處，那便是浸泡後不佔空間，不用煩惱儲藏地點。因為量少，材料費也相對便宜。

首先按本書配方製作 日後再依喜好做調整

第一次製作藥酒的讀者，請先依照本書配方製作。完成後試喝，如果覺得甜度不夠，飲用時於杯中加入糖漿等調整即可。

書中亦會介紹配方以外的推薦基酒，可按個人喜好，調出自己專屬風味。

營養豐富不僅溫和 更有助於養顏美容

本書未使用任何著色劑等添加物，只浸漬富有天然有效成分的食材，所以對人體特別溫和。尤其書中提供多種藥酒，富含維生素C及礦物質等養顏美容成分，採用不加糖或僅用微糖的配方，所以健康滿分，也因此能充分展現食材的原汁原味。

利用小技巧 在短時間內釀造美味藥酒

本書雖然也有介紹當日即可飲用的藥酒，但基本上藥酒的最佳飲用時間大概是一個月至半年後，也有幾款是浸泡當天，或3天後就可飲用的。當然，並不是說泡了一個月或半年之後就一定要開封，不少款酒可是越陳越香。另外，書中還是運用了一些小技巧，像是利用低酒精濃度基酒加快熟成、將食材切丁以便萃取食材精華等，盡可能縮短熟成時間。經由時間淬鍊而變甘美的藥酒，飲用時總是令人格外喜悅，意猶未盡。

將藥酒當料理酒入菜 不嗜杯中物亦能享用

這樣說可能有人會感到訝異，但我也會鼓勵不喝酒的人嘗試釀製藥酒，因為藥酒不僅能飲用，還可用來做為料理酒或保存食品。酒精經加熱後便會揮發消失，浸泡過的藥酒中充滿食材精華及養分，相較於食材本身，藥酒中濃縮了許多營養素，反而更能有效攝取營養。比起一般的料理酒，用藥酒製作料理，口感及風味都更勝一籌，味道及香氣也能更快入味，有助於縮短烹煮時間。

將香料做成保存食品 長保鮮味

就算是賞味期限較長的乾貨，色、香、味也會隨時間逐漸消退。

如同蔬菜水果等生鮮食材，乾糧乾貨的鮮度其實也相當重要，無關乎賞味期限，盡早使用完畢是最理想的情況，但要做到並不容易。所以諸如咖哩、印度奶茶中使用的小荳蔻、丁香，或是甜點製作常見的肉桂及香草莢等香料，與其直接使用，不如在新鮮狀態下浸泡成藥酒後再行利用。

材料挑選

生鮮食材

浸泡水果、蔬菜、香草等生鮮食材時，我喜歡用當季產物，因為當令不僅是食材一年中最美味的時刻，營養價值也最高，而且價格親民。

成熟的蔬果當然可口，但從藥酒來看則另當別論，反而容易出現雜味，所以建議使用尚未完全成熟的材料。

現摘的新鮮食物，風味香氣正濃，取得後應盡快處理浸泡，這點十分重要。蔬菜或水果表面如果有傷痕，可能會從中滲出渾濁物或雜味，應避開使用。揀選表面光滑無痕的產品也是重點之一。

此外，除了市售產品以外，亦可利用野生食材，但有些植物的花葉果實、菇類帶有毒性，需具備相關知識才能正確辨識。

乾燥食材

果乾或乾燥香草、香料等乾燥食材雖然便於保存，但我還是要再次強調，鮮度是關鍵。剛製成不久的乾貨，味道及香氣正濃郁，想要浸泡好喝的藥酒，建議盡量選用新鮮的乾貨。

此外，果乾有時會添加合成著色劑，然而會選用果乾，就是想透過藥酒的萃取，品嚐水果經乾燥濃縮後有別於生鮮時的原始風味，所以釀製藥酒時，請挑選完全無添加的乾燥加工品。

基酒

水果酒常用基酒以蒸餾白酒（white liquor，主要為35度甲類燒酎）為主。蒸餾白酒無味、無臭、無強烈特色，非常適合用於發揮食材原味的水果酒。其他諸如威士忌、白蘭地、蘭姆酒、伏特加、龍舌蘭酒、琴酒、日本酒、泡盛等，可用於釀製藥酒的基酒種類豐富。

所謂甲類燒酎（燒酒）又稱為「連續式蒸餾燒酎」，酒廠透過不斷蒸餾而生產大量高酒精度的酒，經過反覆蒸餾後只剩薄薄的酒精味，無味無臭，常用來做基酒或自製水果酒用的材料之一。如果在台灣不易購得，可以參考書中「換成其他基底酒也OK」中的酒類替換。

本書中發揮每種基酒的特長，與浸泡食材做出完美搭配。當然，你也可以根據自己喜歡的基酒來調整。

但有一點請特別留意。根據日本酒稅法規定，自釀酒酒精成分必須在20度以上。部分酒種酒精成分超過90度，但釀製藥酒，最高請勿超過50度。酒精太高，不僅不易熟成，還可能造成容器破損。

基酒有龍舌蘭酒、白蘭姆酒、燒酎、琴酒、伏特加、白蘭地、威士忌、黑蘭姆酒等。

糖

糖的作用是協助浸泡藥酒熟成、防止腐壞等，乃釀製藥酒不可或缺的材料。最常使用冰糖，因為純度高，可以釀造清澈的透明藥酒。另外，若想增添甜味，可以添加蜂蜜、蜂巢蜜；希望來點獨特甘味及韻味時，則可利用黑糖。

為了能夠全家一起享用，書中採用無糖或微糖配方，嗜甜的朋友，飲用時請自行添加糖漿等做調整。

副材料

水果酒的酸甜平衡非常重要。甜度較高的材料，多半會搭配檸檬，添加自然酸味，取得平衡。

然而，檸檬浸泡太久，會滲出苦味，破壞藥酒的甘美。帶皮檸檬最多浸泡一個月，去皮檸檬則以兩個月為限，務必在期限內取出。

保存容器

藥酒一般會長期保存，要避免發霉或腐壞，關鍵在於避免接觸空氣，所以請使用附蓋且可確實密封的容器。建議使用寬口瓶，以便順利取出浸泡的材料。此外，內容物會直接接觸的部分，選用不含金屬成分的玻璃製便萬無一失。

第一次挑戰自釀浸泡酒，大多數人出乎意外地不知該如何挑選容器大小。其實，以全部材料放入約八分滿來衡量即可。

本書中的水果酒及蔬菜酒等使用800毫升、1公升、1.4公升的瓶罐，香料藥酒等則選用500毫升。

保存容器只要可以確實密封，亦可回收空瓶使用。例如香料酒，直接拿500毫升左右的酒瓶再利用也是不錯的選擇。

容器消毒

為了長期保存，容器必須經過消毒殺菌，用廚房紙巾吸滿蒸餾白酒等30～50度左右的酒精，仔細擦遍容器的每一個角落。

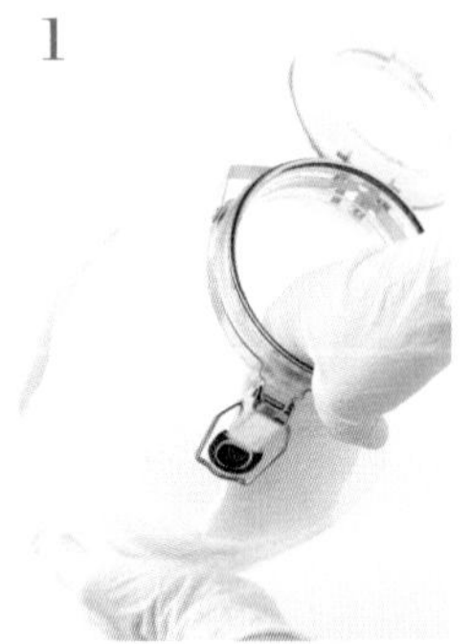

1 用廚房紙巾吸附蒸餾白酒等酒精，擦拭容器整體。

2 瓶身較高的容器底部，可利用免洗筷等輔助，夾取廚房紙巾擦拭。

浸泡後的小妙招

杜絕空氣接觸

浸泡後，材料有時會浮出表面，一旦與空氣接觸，便會產生變色、腐壞等情況。為了避免上述情形發生，將保鮮膜鬆散地平鋪在藥酒表面，便可使材料完全浸漬於溶液中。

1 將保鮮膜鬆散地平鋪在容器中的藥酒上。

2 浮出表面的材料亦會被保鮮膜包覆，維持浸泡於藥酒中的狀態。

偶爾搖晃容器

浸泡後數日內，記得搖晃一下容器，讓從原料萃取出來的精華及糖分得以在溶液中均勻散布。

「補充」基酒使用

「青辣椒酒」（P. 93）及「紅辣椒酒」（P. 164）辛辣強勁，濃縮了萃取精華，所以多半會添加基酒，做成料理酒長期使用。

材料的取出及過濾

用消毒過的長柄湯勺或長筷等，小心取出浸泡過的材料，過程中要留意避免壓碎食材。如果在意溶液因果肉等而變渾濁，可以在濾網上鋪廚房紙巾過濾，便能濾出清澄的藥酒。

1 用料理長筷，小心地取出浸泡過的材料。

2 於調理碗上放置濾網，再鋪上廚房紙巾，過濾容器中的藥酒。

私釀酒的禁忌

釀製藥酒其實非常簡單，但有幾點注意事項。
在體驗釀酒樂趣之前，請先記住以下要點。

選用合法基酒及原料

在日本，釀酒依法須繳納酒稅，並且需取得製酒許可執照。不過，像梅酒這類在一般家庭享用的私家釀酒則視為例外，不受規定限制，然而仍須遵守下列條件。

- 使用酒精成分20度以上的酒種
- 使用已課徵酒稅的商品

水果酒常用的蒸餾白酒酒精度為35度，伏特加、龍舌蘭酒、威士忌、蘭姆酒、泡盛也都符合規定。日本酒及燒酎只要在20度以上，亦可用來釀酒，但紅酒低於20度，不得使用，並且嚴禁用米、麥、玉米、葡萄等原料來釀製。

不留水氣、泥土汙垢

對長期保存而言，水氣及土垢是大忌，因為會有細菌繁殖，造成腐壞。請確實擦乾水氣，洗淨土垢等髒汙。

副材料的檸檬徹底洗淨後，記得用廚房紙巾擦乾。

有毒食材

藥酒多連皮、種籽一起浸泡，但石榴皮（P.50）有毒，請去皮使用。

以總含量計算糖度

減少糖分雖然健康，但不易熟成，且容易腐壞，應酌量調整。

酒精成分與腐壞風險的相關性

酒精度低的日本酒等雖然可以快速熟成，但腐壞風險也相對變高。浸泡富含水分的水果等材料時，請盡快飲用完畢，也別忘了放入冰箱保存。

第1章

果實酒

學會果實酒的基本做法

梅酒

只要了解梅酒的做法，便能掌握果實酒製作的基礎。從使用青梅製作到可以品嚐，雖然要花不少時間，卻能完成保存期長、顏色透明澄澈的梅酒。
這裡用了適合製作果實酒的冰糖、甲類燒酎，做好的梅酒會更具傳統風味。

做法

1 去掉澀味

盆中裝滿水，放入青梅，水龍頭開小水，輕擦洗青梅，把表面的浮毛去除（可讓酒更容易滲入青梅中）後，將青梅浸泡於清水中，去除澀味。

2 擦乾水分

用濾網撈起青梅，瀝乾水分，用紙巾輕輕地擦乾每一顆，避免殘留水氣的青梅浸泡入酒中，導致腐爛。

選擇材料・浸泡時間

可以選硬度高、大小一致，表面無傷痕、斑點的青梅。製作梅酒，青梅的新鮮度很重要，以採收後24小時以內的青梅為最佳，建議一拿到就趕快浸泡。糖類以冰糖，酒則以甲類燒酎比較適合。

品嚐・風味

可以直接飲用、加入冰塊，或者加入水、熱水、氣泡水稀釋（兌開水），品嚐方法五花八門。甜度適中，仍可依個人喜好加入蜂蜜、黑糖飲用。

■ 梅子的季節

生梅的產季大概只有6月這一個月而已。依小梅、青梅、完熟梅（黃熟梅）的順序上市。

※ 台灣約於每年4月清明節前開始出現青梅，一直到清明過後才有黃熟梅上市。

《製作大罐時》

■ 建議容器與材料

保存容器	4公升
青梅	1公斤
冰糖	300公克
甲類燒酎	1.8公升

■ DATA

品嚐時間｜1年之後

成本｜（便宜　中等　較貴）

風味｜清爽微甜

效果｜緩解疲勞、放鬆身心、預防感冒、消除便秘、預防腹瀉、促進食慾

■ 所需器具

濾網、盆子、竹簸、湯勺、漏斗、量杯、電子秤、廚房紙巾（照片由右上起）。除此之外，還需準備保存容器。

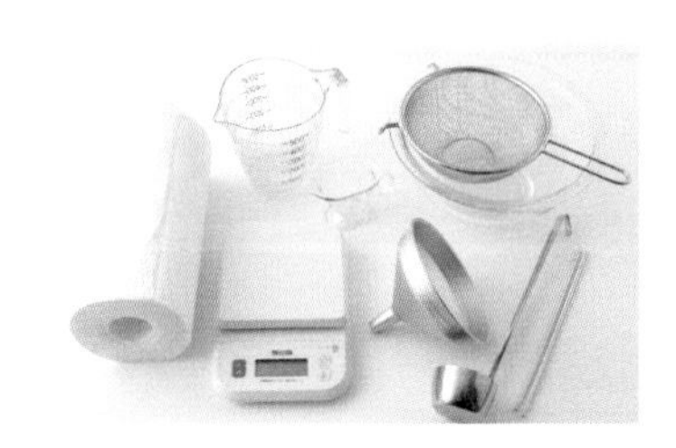

3 挑除蒂頭

用竹籤謹慎地挑除蒂頭，不可弄傷青梅。挑除蒂頭後，蒂頭凹處如果還有水分，小心地用紙巾擦乾。

4 備妥冰糖

秤好冰糖的分量（約青梅重量的 3 成），甜度較適中。

5 放入容器中

參照 P.12 消毒好容器，以青梅、冰糖、青梅的順序，一層層交互鋪入容器中。青梅蓋在冰糖上，所含的梅精較易溶入。

6 倒入燒酎

倒入燒酎，使青梅能完全浸入燒酎中。

7 保存於室內陰涼處

蓋上蓋子密封，貼上寫好製作日期的標籤紙，放在室內陰涼處。不時搖晃玻璃罐，使冰糖完全溶解於酒中。1 年後，用湯勺撈出青梅，或是將整罐倒入鋪上廚房紙巾的濾網上，過濾出梅酒。

MEMO

- 經過 1 年的浸泡，梅精已溶入燒酎中，無須刻意過濾或取出梅子。
- 如果想做可保存數年的梅酒，建議使用青梅、酒精成分 35% 以上的酒，再加入稍微多一點的糖製作。

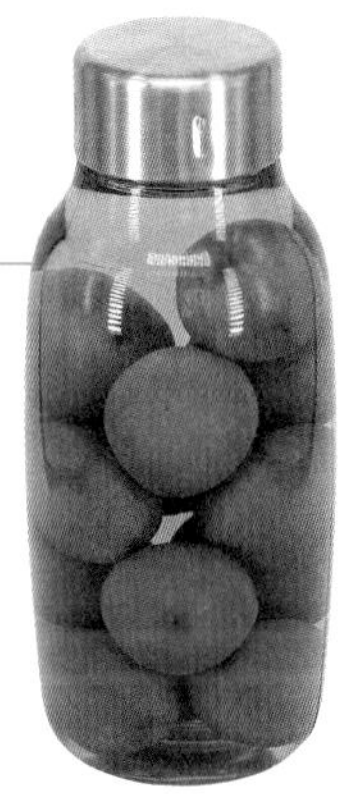

1 個星期後

當天

《製作小罐時》

■ 建議容器與材料

保存容器	1 公升
青梅	300 公克
冰糖	30 ～ 80 公克
蜂蜜	20 公克
甲類燒酎	450 毫升

做法　與大罐梅酒相同。

獻給梅酒控的你

只要改變基本梅酒的
基酒、甜味食材，就能變化出許多
口味和香氣的好喝梅酒。
讀者不妨同時製作多款來比較，
更能充分享受不同風味。

泡盛梅酒

利用泡盛本身的自然甘甜，可大大減少糖的用量。飲用時，
能感受到泡盛獨特濃厚酒香和香甜梅子的完美調合。

1 年後　1 個星期後　當天

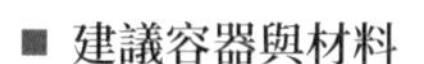

■ 建議容器與材料

保存容器	1 公升
青梅	300 公克
冰糖	50 ～ 80 公克
泡盛	450 毫升

■ DATA

品嚐時間｜3 個月後
成本｜（便宜　中等　較貴）
風味｜稍微偏甜
效果｜緩解疲勞、放鬆身心、消除便秘、預防腹瀉、促進食慾

➡ 做法可參照 P.16 ～ 17

威士忌梅酒

呈現琥珀色的梅酒，後味殘留些許成人的苦味。
梅子的清淡香甜是最大的特色。

1 年後

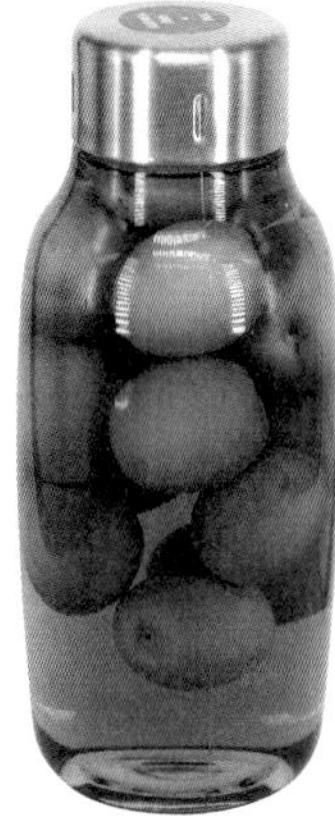

■ 建議容器與材料

保存容器	1 公升
青梅	300 公克
冰糖	50 ～ 80 公克
威士忌	450 毫升

■ DATA

品嚐時間｜3 個月後（熟成為佳）
成本｜（便宜　中等　較貴）
風味｜結合甜與威士忌的苦味
效果｜緩解疲勞、放鬆身心、消除便秘、預防腹瀉、促進食慾

➡ 做法可參照 P.16 ～ 17

伏特加梅酒

將酒精成分高且風味刺激的伏特加，與溫和的梅子混合，
迸出複雜的風味，後味俐落而優雅。

1 年後

1 個星期後

當天

■ 建議容器與材料

保存容器	1 公升
青梅	300 公克
冰糖	50 ～ 80 公克
伏特加（酒精成分約 40%）	450 毫升

■ DATA

品嚐時間｜3 個月後（熟成為佳）
成本｜（便宜　中等　較貴）
風味｜強烈中帶有甘甜
效果｜緩解疲勞、放鬆身心、消除便秘、預防腹瀉、促進食慾
➡ 做法可參照 P.16 ～ 17

琴酒梅酒

把和琴酒很搭的檸檬一起泡入梅子酒吧！
酸甜交織，帶來清爽的口感。

1 年後

1 個星期後

當天

■ 建議容器與材料

保存容器	1 公升
青梅	300 公克
冰糖	50 ～ 80 公克
檸檬片	3 片
琴酒	450 毫升

■ DATA

品嚐時間｜3 個月後（熟成為佳）
成本｜（便宜　中等　較貴）
風味｜甜中帶有清爽的酸味
換成其他基底酒也 OK｜白蘭地、黑蘭姆酒
效果｜緩解疲勞、放鬆身心、消除便秘、預防腹瀉、促進食慾
➡ 做法可參照 P.16 ～ 17

日本酒梅酒

可以活用梅酒季節時推出，適合製作果實酒的日本酒。
但因為保存期不長，建議盡早飲用完。

1 年後

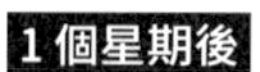

■ 建議容器與材料

保存容器	1 公升
青梅	300 公克
冰糖	50 ～ 80 公克
日本酒（酒精成分 20%以上）	450 毫升

■ DATA

品嚐時間｜2 個月後（日本酒不適合長期保存）

成本｜便宜　中等　較貴

風味｜強烈的甜味

效果｜緩解疲勞、放鬆身心、消除便秘、預防腹瀉、促進食慾

➡ 做法可參照 P.16 ～ 17

白蘭地梅酒（小）

高貴優雅的白蘭地染上梅子的甘甜清香，
加入冰塊或以水稀釋，悠閒地品嚐這款香氣四溢的梅酒。

1 年後

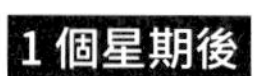

當天

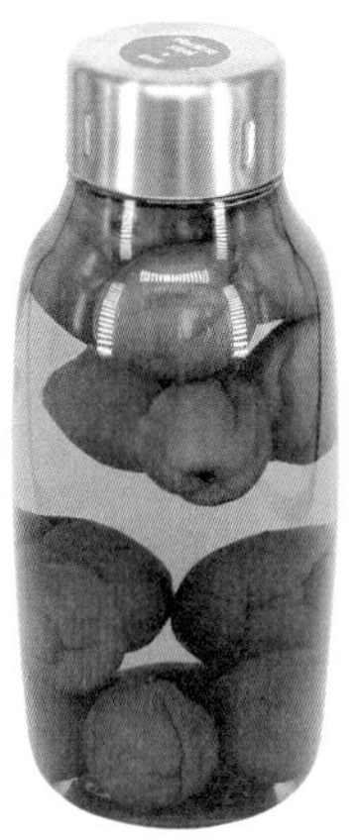

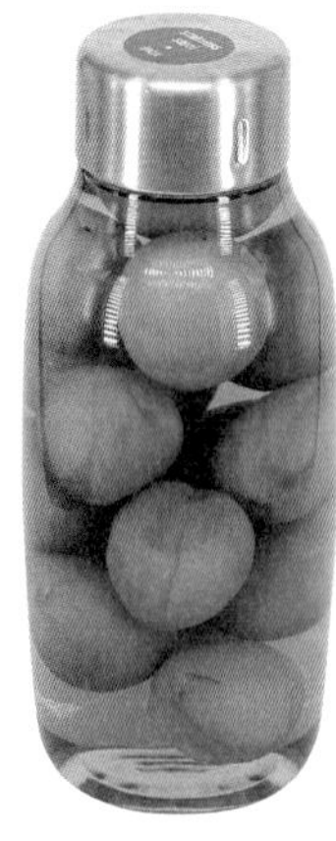

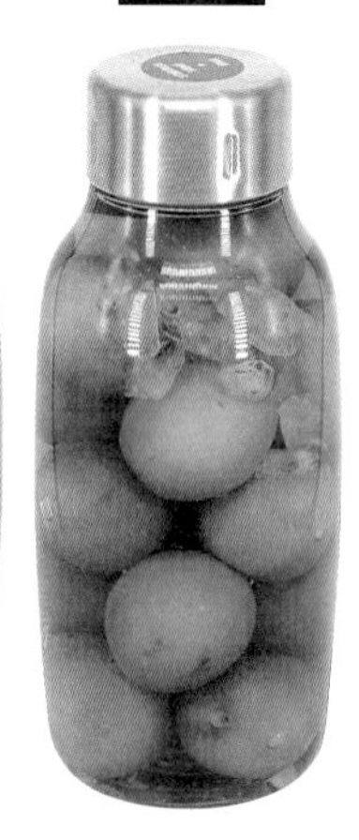

■ 建議容器與材料

保存容器	1 公升
青梅	300 公克
冰糖	50 ～ 80 公克
白蘭地	450 毫升

■ DATA

品嚐時間｜6 個月後（熟成為佳）

成本｜便宜　中等　較貴

風味｜甜中帶些微苦味

效果｜緩解疲勞、放鬆身心、消除便秘、預防腹瀉、促進食慾

➡ 做法可參照 P.16 ～ 17

白蘭地黑糖梅酒（大）

這裡使用顆粒較大、果肉厚實且多汁的南高梅浸泡。
在白蘭地中加入黑糖，增添了濃郁的甜味。

— 1 —

將南高梅洗淨，放入水中浸泡以去除澀味。用廚房紙巾擦拭，挑除蒂頭。以梅子、黑糖的順序，一層層交互鋪入容器中。

— 2 —

將白蘭地倒入裝了南高梅、黑糖的容器中。

— 3 —

蓋上蓋子密封，放在室內陰涼處，大約 6 個月後可以飲用。

■ 建議容器與材料

保存容器	4 公升
南高梅（黃熟梅）	1 公斤
黑糖	250 公克
白蘭地	1.8 公升

■ DATA

品嚐時間｜6 個月後
成本｜便宜　中等　較貴
風味｜濃郁的甜味
效果｜緩解疲勞、放鬆身心、消除便秘、預防腹瀉、促進食慾

推薦給無法飲酒的人的梅子汁

梅子糖漿

平時加入蘇打水或淋在刨冰上的糖漿，也可以做成果汁，下面介紹做法！

1 年後　1 個星期後　當天

■ 建議容器與材料

保存容器	1 公升
青梅	300 公克
甜菜糖	300 公克

■ DATA

品嚐時間｜1 個月後
成本｜便宜　中等　較貴
風味｜清爽風味

■ 做法

1 拿竹籤在青梅上刺洞。以青梅、甜菜糖的順序，一層層交互鋪入容器中，密封。
2 每天搖晃容器 2 次，讓每顆青梅都覆蓋上甜菜糖。

甘夏橘酒

雖然名字中有一個「夏」字，但其實是春天盛產的水果。
甘夏橘和柳橙相似，甘甜中帶有清新的酸味。因風味與酒相合，
可以將果肉浸泡在酒中做成甘夏橘酒，全年都能品嚐到春日香氣。

選擇材料・浸泡時間

產季在3〜5月。挑選時，以手拿起來比較重、鼻子靠近可以聞得到香甜，以及表皮有光澤的為佳。

品嚐・風味

除了加入冰塊、氣泡水（兌氣泡水）之外，也可以加入無糖紅茶，做出散發橘香的冰橙茶。

■ 建議容器與材料

密封容器	1.4 公升
甘夏橘	300 公克（約 1 個）
冰糖	30 公克
甲類燒酎	470 毫升

■ DATA

品嚐時間｜2 個月後

成本｜便宜　中等　較貴

風味｜口感綿密、甜味

換成其他基底酒也 OK｜琴酒

效果｜預防感冒、緩解疲勞、預防貧血、緩解手腳冰冷、消除便秘、預防腹瀉、美肌

做法

1

在甘夏橘底部中間切一個十字（兩刀都是沿著橘皮切），用手剝橘皮，將果肉一分為二。

2

分成一瓣一瓣，用刀子或廚房剪刀，將每一瓣橘子從上面橫向切開或剪開，先剝去白色薄膜，再去掉籽。

3

將甘夏橘、冰糖放入容器中，倒入燒酎。

4

2個月後取出甘夏橘果肉。戴上塑膠手套，將果肉擰出汁液後過濾，即可品嚐到果汁風味。

MEMO 甘夏橘是夏柑品種的改良。自 1971 年葡萄柚開放自由進口後，年產量有漸少的趨勢。

2 個月後

1 個星期後

草莓酒

在日本，說到春天的代表水果，非草莓莫屬！把草莓浸泡在燒酎中，
美麗的紅色，入口時能感受到酸甜滋味，是一款可愛的酒。
這裡僅加入少量的糖，甜度適中，口感清爽。

選擇材料・浸泡時間

產季在1～4月。產季之初小顆粒，而且有一點點硬的比較適合製作果實酒。

註 台灣約於每年12月底一直到翌年4月是草莓季。

品嚐・風味

除了加入冰塊、氣泡水飲用，也很推薦加入少量啤酒一起享用，一款微甜、散發清爽香氣的水果風啤酒就完成囉！

MEMO 將撈出的草莓、水和糖類一起熬煮，就成了草莓果醬。泡酒變白了的草莓經過熬煮，會變成黑紅色的果醬。

2個月後

1個星期後

當天

■ 建議容器與材料

密封容器	1公升
草莓	270公克
冰糖	30公克
甲類燒酎	500毫升

■ DATA

品嚐時間｜2個月後
成本｜便宜　中等　較貴
風味｜甜中帶微酸
換成其他基底酒也OK｜伏特加、龍舌蘭
效果｜緩解疲勞、舒緩眼睛疲勞、抗氧化、美肌、放鬆身心

做法

1
盆子中裝滿水，放入草莓，用手在水裡把草莓晃一下洗淨。

2
撈起草莓，用廚房紙巾一顆顆擦乾，小心地摘除蒂頭，以免碰傷草莓。如果蒂頭不好摘除，可使用刀子或廚房剪刀去除。

3
將草莓、冰糖放入容器中，倒入燒酎。

4
大約2個月後取出草莓。

清見蜜柑酒

清見蜜柑是由日本溫州蜜柑和美國甜橙雜交育成，是桔橙（tangor）的同伴。
本身甜度高、汁水豐富，直接食用就很可口，
但因它的果皮薄且無澀味，所以也很適合製作果實酒。

■ 建議容器與材料

密封容器	1.4 公升
清見蜜柑	320 公克（小的 3 個）
冰糖	30 公克
甲類燒酎	450 毫升

■ DATA

品嚐時間｜2 個月後

成本｜（便宜　中等　較貴）

風味｜柳橙汁般的風味

換成其他基底酒也 OK｜
伏特加、琴酒

效果｜預防感冒、緩解疲勞、抗氧化、美肌、利尿、消除便秘、預防腹瀉

選擇材料・浸泡時間

產季大約2～4月下旬。建議選擇果皮有彈性、果蒂新鮮的。市面販售的是全熟的蜜柑，買回家之後要盡早浸泡。

品嚐・風味

香甜的清見蜜柑酒淋在刨冰上，即可品嚐到成人風味冰品。也可以裝在小玻璃杯中，當作飯後甜點食用。

MEMO 清見蜜柑好吃的原因在於「冬天之後才採摘」。將樹上的每顆蜜柑都套上袋子，等春意盎然時再採摘。

做法

1

將蜜柑頂部、底部的皮切掉，直切為二，再切成 1 公分寬的薄片。

2

將蜜柑、冰糖放入容器中，倒入燒酎。

3

3 個月後取出蜜柑。戴上塑膠手套，將果肉擰出汁液後過濾，即可品嚐到果汁。

2 個月後

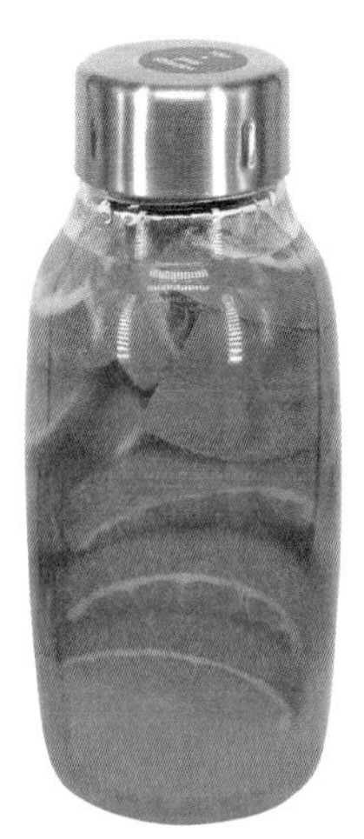

1 個星期後

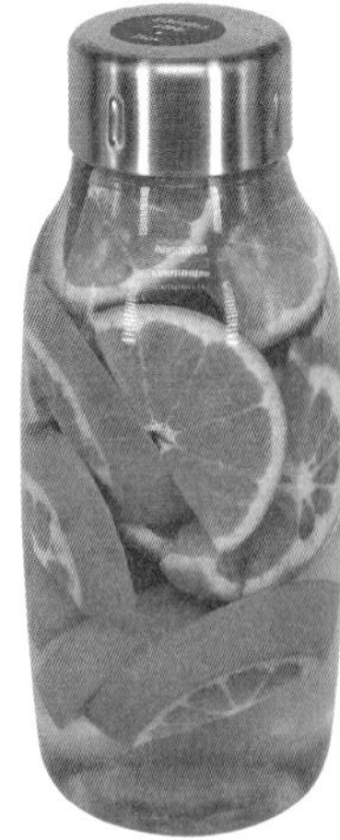

當天

枇杷酒

近年來約從 4 月起，枇杷就出現在溫室栽培，最早是從江戶時代開始栽培。當時有許多賣枇杷藥湯（可消暑的飲用藥湯）的商店，可以說自古就被當成有治療效果的藥物。此外，枇杷富含可緩解疲勞的維生素 A。

■ 建議容器與材料

保存容器	1 公升
枇杷	300 公克（約 11 個）
蜂蜜	30 公克
日本酒	470 毫升

■ DATA

品嚐時間｜1 個月後

成本｜

風味｜杏仁般的香甜風味

換成其他基底酒也 OK｜白蘭地、威士忌、甲類燒酎

效果｜緩解疲勞、止咳效果、舒緩眼睛疲勞、利尿、預防生活習慣病[1]、美肌

選擇材料・浸泡時間

產季大約 5 月下旬～6 月。建議選購表面絨毛密集、新鮮的。建議放在常溫環境保存，低溫、高溫都不利於保存。枇杷易造成果傷，買回家後要盡快浸泡。

註 台灣約於每年 2 月下旬～4 月底是枇杷產季。

品嚐・風味

可以少量直接喝。此外，可以加入冰塊、氣泡水，或是加入檸檬飲用。

MEMO 有些人對枇杷過敏，要特別注意。此外這幾年，在枇杷種子磨成粉末的食品中，檢驗出有害物質，所以請避免食用枇杷種籽。

做法

1

小心地將枇杷洗淨，然後擦乾。

2

將枇杷、蜂蜜放入容器中，倒入日本酒。

---

[1] 生活習慣病一詞源於日本。在 1996 年，日本厚生省就高血壓、心臟病、糖尿病等原本被視為老人專利的慢性病，更改為「生活習慣病」，因為這些病症都與生活習慣密切相關，且早已不是老年人的專利，一旦不良的生活習慣越早養成，疾病也越快找上門，因此不能輕忽生活習慣。

青木瓜酒

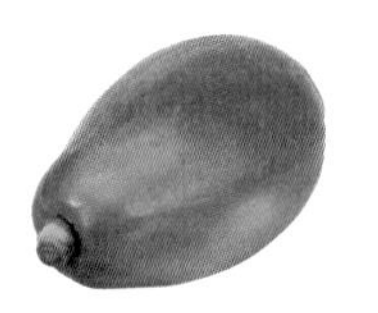

相較於成熟的黃木瓜，未熟的青木瓜雖然甜度沒有那麼高，
卻含有豐富的營養成分。未熟水果仍帶有些許青草味，
這裡嚐試不加糖，連皮帶籽一起浸泡酒。

選擇材料・浸泡時間

雖然一年四季都買得到，但3～10月的產量較多。建議選購表皮綠油油、手拿沉甸甸的，同時，仔細檢查外表是否有受傷，或者變成咖啡色。

註 台灣一年四季都可以買到青木瓜，但9～11月是盛產期。

品嚐・風味

如果不愛青木瓜的青草味，可以加入些許蜂蜜品嚐。此外，和鳳梨汁混合，風味亦佳。

MEMO 青木瓜含有可助消化的青木瓜酵素，更富含能有效抗氧化的天然多酚類、維生素C等，常被稱作亞洲健康水果。

■ 建議容器與材料

密封容器	1.4 公升
青木瓜	400 公克
泡盛	400 毫升

■ DATA

品嚐時間｜約 3 個月後
成本｜便宜　中等　較貴
風味｜少甜、少酸
換成其他基底酒也 OK｜白蘭地、威士忌
效果｜促進消化、預防生活習慣病、緩解疲勞、抗氧化、分解脂肪、美肌

3 個月後

1 個星期後

當天

做法

1

青木瓜洗淨，然後擦乾，連皮帶籽切成一口大小。

2

將青木瓜放入容器中，倒入泡盛。

日本青柚酒

青柚的顏色，有別於夏天的青綠，還未熟，能感受到強烈的酸爽香氣。
由於酸味比秋天的成熟黃柚更甚，浸泡酒類時建議加入蜂蜜，
微甜且溫和順口，更加提升這款酒的風味層次。

建議容器與材料

保存容器	1 公升
日本青柚	265 公克（約 10 個）
冰糖	40 公克
蜂蜜	15 公克
甲類燒酎	480 毫升

DATA

品嚐時間｜約 3 個月後

成本｜便宜　中等　較貴

風味｜酸味

換成其他基底酒也 OK｜伏特加、日本酒

效果｜抗氧化、預防感冒、緩解疲勞、預防貧血、消除便秘、預防腹瀉、美肌

選擇材料・浸泡時間

青柚是指柚子尚未變成黃色前，產季在7～9月。建議選擇皮較硬，且呈深綠色、外皮無傷痕的為佳。

品嚐・風味

可加入冰塊、氣泡水，品嚐酸爽風味；或是用在烹調上，像加入小芋頭、柚子味噌鯖魚裡，更能凸顯柚子的香氣。因酸中帶甜，可減少用糖量，非常健康。

MEMO 日本青柚籽中所含的多酚類，是黃柚籽的 2 倍以上；具有抗氧化作用的類黃酮含量，青柚籽是黃柚籽的 3 倍以上。所以建議連籽一起浸泡。

3 個月後

1 個星期後

當天

做法

1. 用刀子剝除青柚的外皮，盡可能去掉果肉旁的白膜。
2. 將青柚、冰糖和蜂蜜放入容器中，倒入燒酎。
3. 2 個月後取出青柚。

美國櫻桃酒

說到紅色果實中帶有強烈甜味與香氣的，莫過於美國櫻桃。
放入酒中浸泡，華麗的深紅寶石色澤，令人賞心悅目。
美國櫻桃香氣濃郁，很適合製作果實酒。

選擇材料・浸泡時間

產季在5月下旬~6月上旬夏季初期的短時間內。建議選擇顆粒較大、外皮光澤且彈性的櫻桃。

品嚐・風味

直接加入冰塊，或是兌氣泡水飲用，就能品嚐到鮮美的風味。

MEMO 外國進口的櫻桃所含的花青素苷量較多，而花青素苷則是強而有力的抗衰老、抗氧化劑。

■ 建議容器與材料

保存容器	1 公升
美國櫻桃	270 公克
冰糖	30 公克
檸檬	1/2 個
甲類燒酎	450 毫升

■ DATA

品嚐時間｜約 2 個月後
成本｜便宜　中等　較貴
風味｜甜味
換成其他基底酒也 OK｜伏特加
效果｜預防高血壓、緩解疲勞、抗氧化、預防貧血、舒緩水腫、舒緩眼睛疲勞、美肌

2 個月後

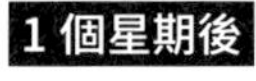

做法

1

水龍頭開小水慢慢流，一邊輕輕清洗櫻桃，瀝乾水分，用廚房紙巾擦乾，拔掉櫻桃梗。

2

檸檬洗淨，切成 0.5 公分寬的圓片。

3

將美國櫻桃、檸檬和冰糖放入容器中，倒入燒酎。

4

大約 2 個星期後取出櫻桃。

酸橘酒

酸橘的柑橘芳香具有芳療效果，可使人身心放鬆、舒緩壓力。
它還含有檸檬酸，可提升身體的抗疲勞能力，當你疲憊時，正好飲用一杯。

選擇材料・浸泡時間

產季在8～10月，但6月、11月的時候也能買到。建議選購外皮鮮綠，表面沒有傷痕的酸橘，浸泡酒類口味佳。

品嚐・風味

加入冰塊，可品嚐到清爽的風味。此外，將茉莉花茶倒入加了氣泡水的酸橘沙瓦中，調成茉莉花酸橘果汁。

MEMO 日本大分縣是酸橘的主要種植區，在這裡，酸橘也常被當作河豚料理、甜點的食材使用。

■ 建議容器與材料

密封容器	1 公升
酸橘	250 公克（約 5 個）
酸橘皮	30 公克
冰糖	50 公克
甲類燒酎	500 毫升

■ DATA

品嚐時間｜約 2 個月後

成本｜便宜　中等　較貴

風味｜酸甜風味

換成其他基底酒也 OK｜日本酒、琴酒

效果｜緩解疲勞、放鬆身心、消除肥胖、舒緩水腫、預防高血壓、緩解手腳冰冷、促進食慾、美肌

2 個月後

1 個星期後

當天

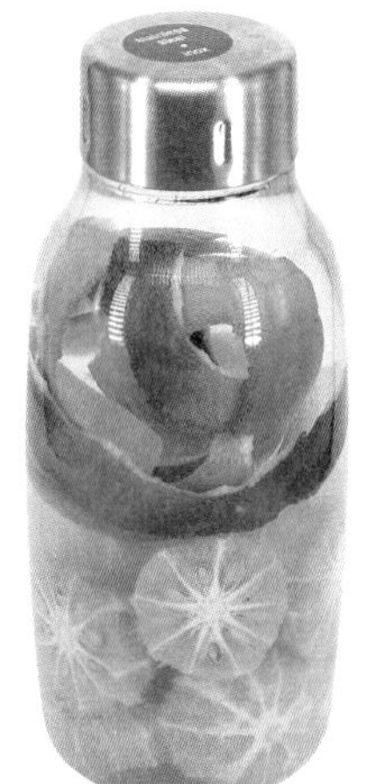

做法

1

用刀子剝除酸橘的外皮，果肉橫切對半。皮內的白膜盡可能刮除乾淨。

2

將酸橘果肉、皮和冰糖放入容器中，倒入燒酎。

3

2 個星期後取出皮，4 個星期後取出果肉。

櫻桃酒

飲用日本櫻桃浸泡的果實酒，口中溢滿優雅的甜美滋味。
我們在燒酎中再加入白蘭地，使得酒呈現透明的明亮橘色，口感圓潤溫和。

選擇材料・浸泡時間

表皮散發光澤，梗翠綠的是新鮮櫻桃。產季在6～7月這短短的一個月。買回家的櫻桃大概只能保存2～3天，所以盡早浸泡為佳。

品嚐・風味

不管加冰塊，或是加入蘇打水、熱水飲用皆可。如果是兌蘇打水的話，可以將櫻桃放入玻璃杯中，更賞心悅目。

MEMO 每顆櫻桃僅5大卡，營養價值卻相當高。它富含可預防貧血的鐵、提升美容效果的維生素C，以及有效緩和水腫的鉀等，令女性愉悅的成分。

■ 建議容器與材料

密封容器	1公升
櫻桃	300公克
冰糖	50公克
甲類燒酎	300毫升
白蘭地	150毫升

■ DATA

品嚐時間｜約2個月後

成本｜便宜　中等　較貴

風味｜微甜

換成其他基底酒也OK｜甲類燒酎、威士忌

效果｜預防高血壓、緩解疲勞、抗氧化、預防貧血、舒緩水腫、舒緩眼睛疲勞、美肌

4個月後

1個星期後

當天

做法

1

水龍頭開小水慢慢流，一邊輕輕清洗櫻桃，瀝乾水分，用廚房紙巾擦乾，拔掉櫻桃梗。

2

將櫻桃、冰糖放入容器中，倒入燒酎和白蘭地。

火龍果酒

一說到東南亞的火龍果，總給人果體上有突起的鱗片、個頭較大的印象。
甜味與酸味都不強烈，浸泡酒後風味清爽。
這種水果分成白肉種、紅肉種，紅肉種的比較甜。

選擇材料・浸泡時間

沖繩和鹿兒島是日本國內產量最多的地方，產季是6～11月。產地以外的火龍果大多提早採收，缺乏甜味，味道不明顯。建議挑選表皮飽滿、突起部分較短、整顆無皺縮的。

註 台灣每年6～12月間是火龍果的盛產季節。

品嚐・風味

加入冰塊或氣泡水飲用，享受熱帶水果的美味。

MEMO 火龍果富含鈣、磷和鐵等礦物質，對預防貧血有益。此外，含大量食物纖維且低熱量。

2 個月後

1 個星期後

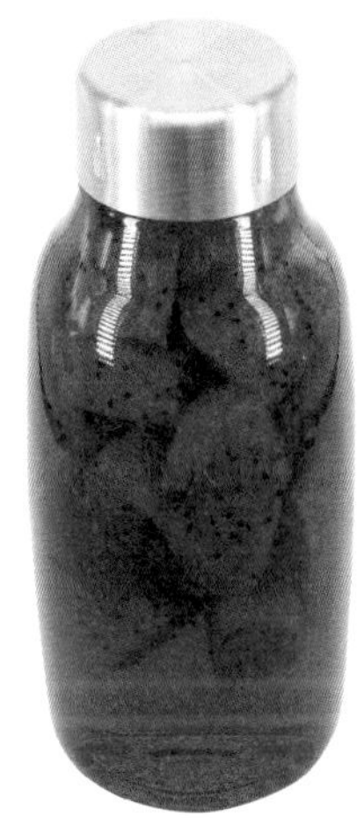

當天

建議容器與材料

密封容器	1.4 公升
火龍果	300 公克
檸檬	1/2 個
冰糖	30 公克
泡盛	450 毫升

DATA

品嚐時間｜約 2 個月後

成本｜便宜　中等　較貴

風味｜甜酸適中

換成其他基底酒也 OK｜伏特加、甲類燒酎

效果｜解毒作用、預防夏日倦怠、預防高血壓、預防貧血、美肌、舒緩水腫、消除便秘

做法

1. 將火龍果表皮突起、鬚切掉，外皮清洗乾淨，用廚房紙巾擦乾，再切成一口大小的滾刀塊。
2. 檸檬用刀削除外皮，果肉切成 1 公分寬的圓片。
3. 將火龍果、冰糖和檸檬放入容器中，倒入泡盛。
4. 2 個星期後取出檸檬片。

油桃酒

油桃是桃子的品種之一，製成酒後略微濃稠，口感酸甜清爽。
油桃和桃子不同之處在於表面沒有細毛，
所以可以連皮直接浸泡酒類，全年都能品嚐到油桃的風味。

■ 建議容器與材料

保存容器	1.4 公升
油桃	320 公克
冰糖	30 公克
甲類燒酎	450 毫升

■ DATA

品嚐時間｜約 2 個月後

成本｜便宜　中等　較貴

風味｜甜味與酸味

換成其他基底酒也 OK｜白蘭地、伏特加

效果｜緩解疲勞、抗氧化、止咳效果、預防夏日倦怠、舒緩水腫、消除便秘

選擇材料・浸泡時間

產季在7～9月，盛產期則是8月。建議選擇整顆圓形飽滿，外皮光滑且有光澤，無任何損傷的。

品嚐・風味

如果喜愛比較稠的口感，可加入冰塊享用；若喜愛俐落清爽風味，可加入無糖冰茶稀釋飲用。

MEMO 將浸泡後變成雪酪狀的果肉放入攪拌器中，攪打成泥，再放入冰箱冷凍至變硬。然後取出與油桃酒混合，輕鬆品嚐冰凍雞尾酒。

2 個月後

1 個星期後

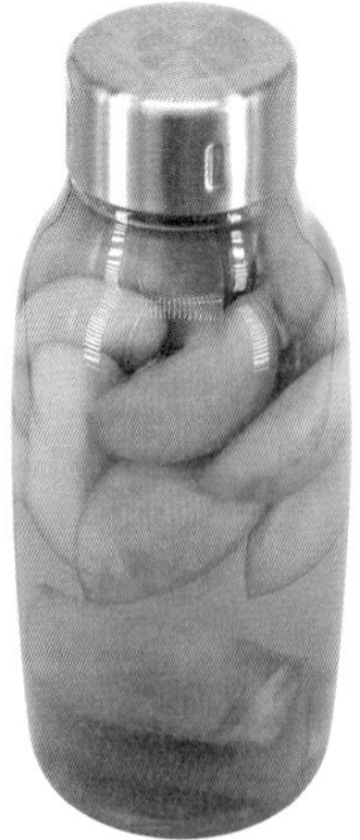

當天

做法

1

輕輕洗淨油桃，用廚房紙巾擦乾，連皮切成一口大小。

2

將油桃、冰糖放入容器中，倒入燒酎。

百香果酒

散發甜蜜香氣的百香果，是具有強烈甜味的熱帶水果。
一般是將果實對切開，挖出裡面的果肉，連籽一起食用。
用來浸泡酒則呈現寶石般的顏色，酸甜風味獨特。

選擇材料・浸泡時間

原產地在巴西，日本國內則集中在鹿兒島和沖繩種植，產季在6～8月。通常當表皮出現皺紋就可以吃了，但如果要用來浸泡酒類，必須用時間再提早一點的百香果，並且注意外皮需光滑，不可有傷痕。

註 台灣百香果產期在6月上旬～12月下旬，盛產期在7～9月。

品嚐・風味

由於具有濃厚的香甜味，加入氣泡水飲用最適合。

MEMO 這款酒富含胡蘿蔔素，有助於抗衰老和提升免疫力。此外，同時含有對毛髮健康有幫助、舒緩身心的維生素 B6。

■ 建議容器與材料

密封容器	1.4 公升
百香果	350 公克（約 5 個）
冰糖	50 公克
泡盛	400 毫升

■ DATA

品嚐時間｜約 1 個月後

成本｜便宜　中等　較貴

風味｜甜味與酸味

換成其他基底酒也 OK｜龍舌蘭、甲類燒酎

效果｜緩解疲勞、預防夏日倦怠、預防貧血、安定神經、改善失眠、抗衰老、預防高血壓

1 個月後　1 個星期後　當天

做法

1

整顆百香果洗淨，用廚房紙巾擦乾，連皮切成一口大小（切的時候要一氣呵成，以免果汁流失）。

2

將百香果、冰糖放入容器中，倒入泡盛。

※ 如果不喜歡雜味，可將果肉取出。

李子酒

果皮柔軟，可直接食用，整顆放入酒中浸泡，即成紫紅色的李子酒。
李子也有不酸的品種，可加入適量檸檬調整酸度。

選擇材料・浸泡時間

產季是6～8月。外觀圓形飽滿，表皮裏了一層淺淺白粉（果粉）的代表新鮮。建議選用外皮光滑、顏色較深，並且拿起來沉甸甸的。

註 台灣李子產期在3～8月之間，盛產期在4～7月。

品嚐・風味

這款酒口感溫和，可以加入冰塊或氣泡水飲用。

MEMO 李子的酸味是以檸檬酸、蘋果酸為主，據說有緩解疲勞的效果。此外，也含有可消除便秘的山梨糖醇。

■ 建議容器與材料

密封容器	1.4 公升
李子	320 公克（約 9 個）
冰糖	30 公克
甲類燒酎	450 毫升

■ DATA

品嚐時間｜約 3 個月後

成本｜便宜　中等　較貴

風味｜酸味

換成其他基底酒也 OK｜龍舌蘭

效果｜緩解疲勞、抗氧化、舒緩眼睛疲勞、預防高血壓、消除便秘、預防貧血、美肌

做法

1

盆子中裝滿水，水龍頭開小水慢慢流，一邊清洗李子，再用廚房紙巾擦乾。

2

用竹籤謹慎地挑除蒂頭，剝掉外皮（直接連皮一起浸泡也沒關係）。

3

將李子、冰糖放入容器中，倒入燒酎。

4

6 個月後取出李子。

3 個月後

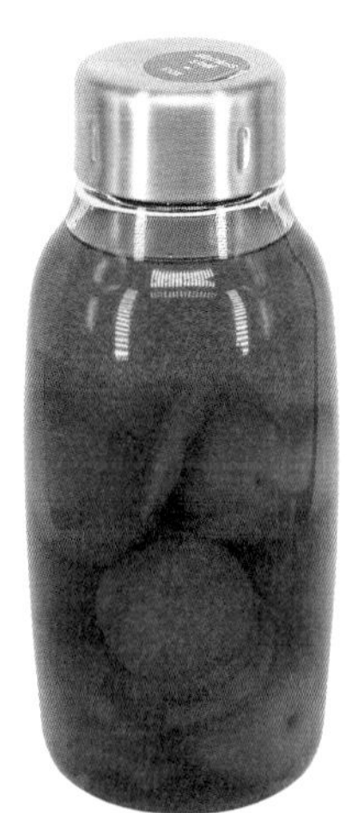

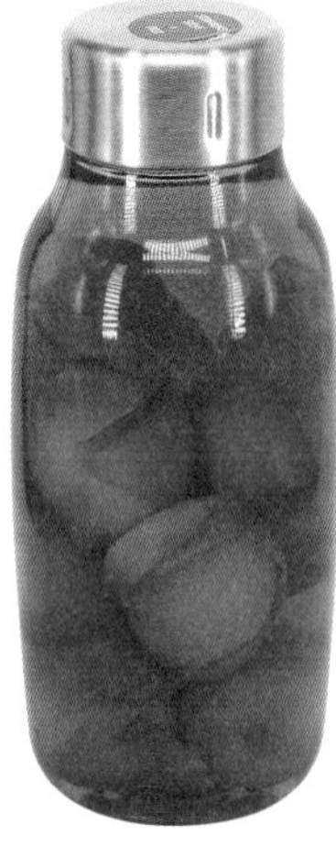

黑莓酒

汁液飽滿的黑莓可以生食，用在製作果實酒，則能品嚐到酸甜適中的果香。黑莓富含花青素、鞣花酸等天然多酚類和維生素 C，對美容和健康很有效果。

選擇材料・浸泡時間

目前以進口黑莓居多，日本在 6～7 月是產季。果肉飽滿，呈成熟的黑色才是新鮮黑莓。

品嚐・風味

除了加入冰塊、兌氣泡水飲用之外，為了更能品嚐到黑莓的原味，建議使用茶味較不明顯的冰涼烏龍茶或無糖紅茶。

MEMO 莓果類水果最大的特色就是容易壓碎。買回家時，包裝盒下層的黑莓有些已經被壓壞，先挑出勿使用。清洗時，要放在裝滿水的容器中，一顆一顆輕柔地清洗。

■ 建議容器與材料

保存容器	1 公升
黑莓	250 公克
冰糖	50 公克
甲類燒酎	500 毫升

■ DATA

品嚐時間｜約 2 個月後

成本｜便宜　中等　較貴

風味｜甜中帶酸（另有些許苦味）

換成其他基底酒也 OK｜白蘭地

效果｜舒緩眼睛疲勞、預防生活習慣病、緩解疲勞、消除便秘、利尿、抗氧化、美肌

做法

1

將黑莓放入大量水中，使其浮於水面上，一邊清洗，瀝乾。用廚房紙巾將黑莓一顆一顆充分擦乾。

2

將黑莓、冰糖放入容器中，倒入燒酎。

藍莓酒

藍莓酒是人氣果實酒之一。由於含有多酚類花青素的藍紫色色素，
因此藍莓酒呈現如紅酒般的酒紅色（波爾多色）。
花青素較其他果實酒更豐富，對眼睛保健具效果。

選擇材料・浸泡時間

產季在6～8月。新鮮藍莓表皮光滑，並且裹上白粉。果體偏紅的藍莓尚未成熟，具有強烈的酸味，卻很適合浸泡果實酒。

品嚐・風味

直接飲用或加入冰塊，可以品嚐到日本酒特有的濃醇風味。如果加入優格飲品，則入口酸甜。

MEMO 用日本酒浸泡雖然比較快熟成，卻不容易保存。建議存放在陰涼處，並且在3個月內飲用完畢。

1個月後

1個星期後

當天

建議容器與材料

保存容器	1公升
藍莓	250公克
冰糖	50公克
日本酒	500毫升

DATA

品嚐時間｜約2個月後

成本｜便宜　中等　較貴

風味｜酸味

換成其他基底酒也OK｜
龍舌蘭、甲類燒酎

效果｜舒緩眼睛疲勞、緩減花粉症、消除便秘、預防腹瀉、預防生活習慣病、抗氧化、美肌

做法

1

將藍莓放入大量水中，使其浮於水面上，一邊清洗，瀝乾。用廚房紙巾將藍莓一顆一顆充分擦乾。

2

將藍莓、冰糖放入容器中，倒入日本酒。

洋李酒

洋李含有能延緩衰老的抗氧化物，是所有水果中含量最高的。
用它來浸泡酒類，會像紅酒般越來越呈現深紅色。
洋李酒口感溫和且有甜味，不習慣喝酒的人也能輕鬆入口。

選擇材料・浸泡時間

產季是8～9月，但是從6～10月都買得到。外皮光滑、無傷痕、表皮裹了一層淺淺白粉（果粉）的代表新鮮。

品嚐・風味

洋李本身汁液豐沛，只要加入冰塊，就能品嚐到水果的酸甜滋味。也可依個人喜好兌氣泡水，或是加入檸檬汁飲用。

MEMO 洋李富含的果膠、維生素 C、維生素 E、β- 胡蘿蔔素、多酚類等水溶性纖維，都是可以預防老化、提升美容效果的營養成分。

建議容器與材料

密封容器	1 公升
洋李	370 公克
冰糖	30 公克
甲類燒酎	400 毫升

DATA

品嚐時間｜約 2 個月後
成本｜便宜　中等　較貴
風味｜甜中帶酸
換成其他基底酒也 OK｜白蘭地
效果｜抗氧化、緩解疲勞、舒緩眼睛疲勞、抗菌作用、降低膽固醇、預防貧血、美肌、放鬆身心

2 個月後

1 個星期後
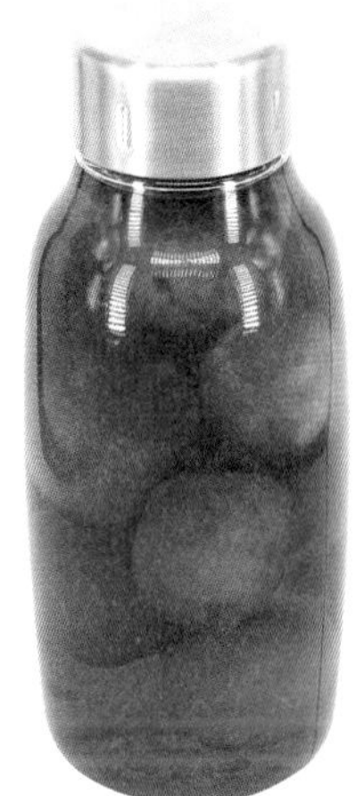

當天

做法

1

洋李洗淨，然後用廚房紙巾擦乾。

2

去掉果梗，以刀剝掉外皮（直接連皮一起浸泡也沒關係）。

3

將洋李、冰糖放入容器中，倒入燒酎。

4

6 個月後取出洋李。

芒果酒

近年來，日本沖繩、宮崎縣等地的芒果產量越來越多。
芒果浸泡酒類後，仍能品嚐到芳醇的香甜。
這款酒使用與熱帶水果風味很合的泡盛，更能凸顯芒果的甘甜。

建議容器與材料

保存容器	1.4 公升
芒果	300 公克
冰糖	30 公克
泡盛	470 毫升

※ 若選用高甜度的芒果，可以不加冰糖。

DATA

品嚐時間｜約 2 個月後

成本｜（便宜　**中等**　較貴）

風味｜口感綿密、甜味

換成其他基底酒也 OK｜蘭姆酒（白、金、黑皆可）

效果｜預防夏日倦怠、預防貧血、預防血栓形成、預防高血壓、抗氧化、美肌

選擇材料・浸泡時間

日本芒果的產季在6～8月，東南亞或墨西哥等地進口的，則全年都能買到。成熟的芒果直接食用就很香甜可口，但若要浸泡酒類，建議選用快成熟前，有一點硬的芒果為佳。

註 台灣芒果品種多，產期在4～10月，盛產期在5～8月。

品嚐・風味

若想充分品嚐芒果的香甜滋味，直接加入冰塊最棒。

MEMO 芒果皮中含有漆酚這種物質，有些人會對此誘發皮膚疹或發癢等過敏反應，食用時須注意。

2 個月後

1 個星期後

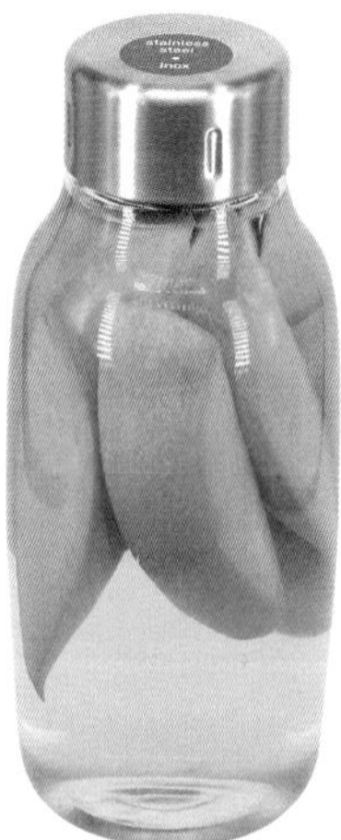

當天

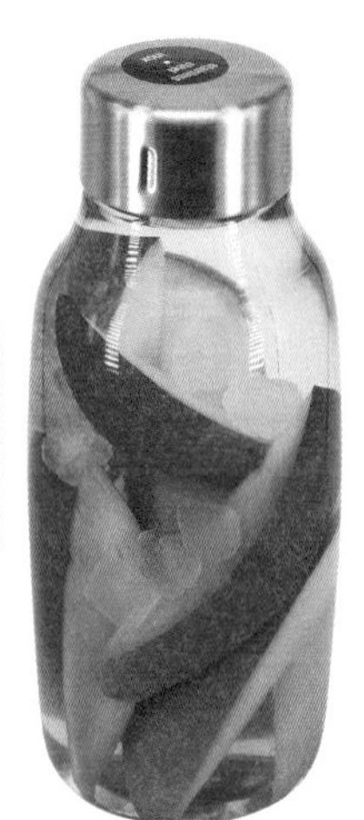

做法

1

清洗芒果，用廚房紙巾擦乾。用刀小心不要碰到核，連皮切成能放入容器中的大小。

2

將芒果、冰糖放入容器中，倒入泡盛。

山竹酒

微微的果酸與優雅的甘甜，山竹是有「水果女王」和
「世界三大美味水果」之一美譽的熱帶水果。山竹皮也富含營養素，
建議連皮一起浸泡酒類，但不可放太多，以免出現苦澀味。

選擇材料・浸泡時間

山竹僅在泰國栽種，6～9月在市面流通，目前日本及台灣並無種植。建議選購外皮新鮮且輕壓稍有彈性的。山竹的果實和果肉大小成正比，所以要選大顆的。

品嚐・風味

甜中帶有微酸，加入冰塊或氣泡水口感更佳、更順口。

建議容器與材料

保存容器	1 公升
山竹	8 個（淨重 100 公克）
山竹皮	10 公克
檸檬（去皮）	1 個
黑糖	70 公克
泡盛	530 毫升

DATA

品嚐時間｜約 2 個月後

成本｜便宜　中等　較貴

風味｜甜味、微澀

換成其他基底酒也 OK｜黑蘭姆酒

效果｜緩解疲勞、滋養強壯、抗氧化、整腸作用、美肌、舒緩眼睛疲勞

做法

1
山竹充分洗淨，擦乾水分。

2
先用刀將山竹底部橫切，再用刀尖切入果皮數刀，用手剝掉皮，再將皮和果肉分開。

3
挑出損傷部位較小的皮，用刀切除邊緣，留下約 10 公克。

4
檸檬洗淨，切成 1 公分寬的圓片。

5
將果肉、皮、檸檬片和黑糖放入容器中，倒入泡盛。

6
2 個星期後取出檸檬片，3 個月後取出果肉。

MEMO 這裡用黑糖取代冰糖，可以增添風味；使用去皮檸檬，則可避免酸味過重。

當天

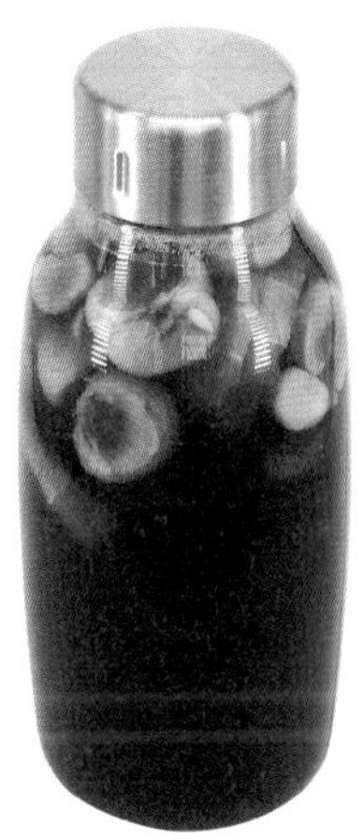
1 個星期後

1 個月後

哈密瓜酒

不僅是果肉，連皮或種子旁的絮狀物都散發出高雅的氣味，
因此哈密瓜酒用了整顆哈密瓜製作。為了降低瓜科特有的青澀味，
配方中除了燒酎，再添加了白蘭地調合。

建議容器與材料

保存容器	1.4 公升
哈密瓜	300 公克
冰糖	30 公克
甲類燒酎	300 毫升
白蘭地	170 毫升

DATA

品嚐時間｜約 2 個月後

成本｜便宜　中等　較貴

風味｜溫和的甜味

換成其他基底酒也 OK｜威士忌

效果｜緩解疲勞、預防高血壓、舒緩水腫、放鬆身心、緩解手腳冰冷、美肌

選擇材料・浸泡時間

產季依品種而異，大多數的產季是6~7月。建議挑選重的，如果是網紋哈密瓜，紋路必須細緻且平均。任何品種都可，我們使用的是橙色果肉、香氣濃厚的哈密瓜。

註 台灣哈密瓜產期在11月下旬~3月中旬。

品嚐・風味

建議加入冰塊，便能充分品嚐到哈密瓜的濃郁香氣。

MEMO 取出的哈密瓜可以去掉籽和皮，切成一口大小，加入水、砂糖熬煮；也可以把果肉放入密封袋中冷凍保存。將冷凍果肉與哈密瓜酒放入玻璃杯中，就成了美味雞尾酒。

7 個月後

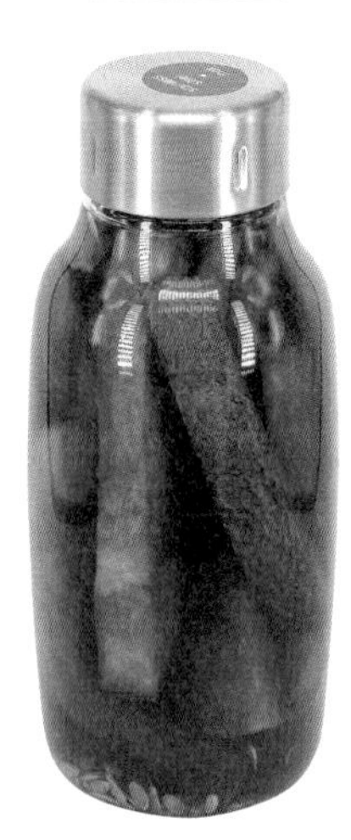

1 個星期後

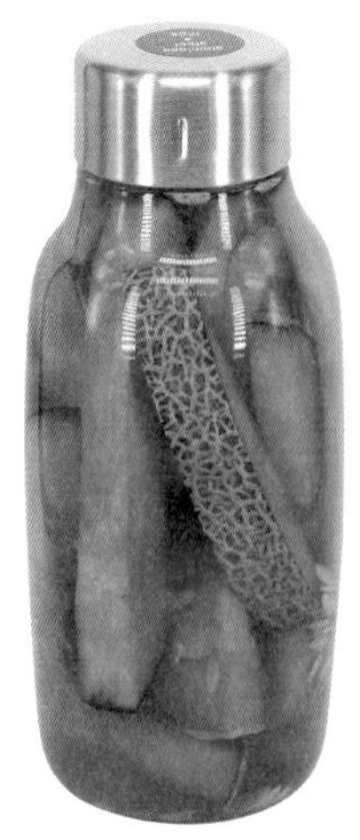

當天

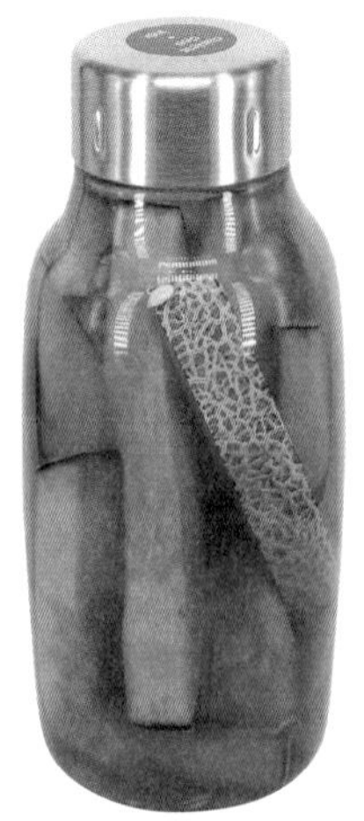

做法

1

哈密瓜切掉果蒂，整顆充分洗淨，用廚房紙巾擦乾。

2

連皮切成能放入容器中的大小。

3

將哈密瓜、冰糖放入容器中，倒入燒酎、白蘭地。

※ 果肉可以持續放在容器中，但若不喜歡雜味，可將果肉取出。

水蜜桃酒

這款滿滿水蜜桃萃取物的金黃色果實酒，口感柔滑圓潤。
在燒酎中加入冰糖，讓水蜜桃風味更加明顯。
水蜜桃浸泡期間不會爛，可選用快成熟前的水蜜桃。

建議容器與材料

保存容器	1.4 公升
水蜜桃	350 公克
檸檬	1/2 個
冰糖	30 公克
甲類燒酎	370 毫升

DATA

品嚐時間｜約 3 個月後

成本｜便宜　中等　較貴

風味｜柔滑溫和的甜味

換成其他基底酒也 OK｜龍舌蘭

效果｜緩解疲勞、抗老化、止咳效果、預防夏日倦怠、緩解手腳冰冷、舒緩水腫、消除便秘

選擇材料・浸泡時間

產季是6~9月。建議選用產季之初、沒有受傷且微偏硬、果實整體大小形狀完整、飽滿沉重的水蜜桃即可。

註 台灣水蜜桃產季為6~9月，盛產期為7~8月。

品嚐・風味

若想享受水蜜桃的香味和微濃滑的口感，可以直接喝或加冰塊；若想口感更順口，則可加入氣泡水、冰茶飲用。

MEMO 在中國，自古以來將桃子稱作「長生不老的仙果」，具有能消除體內不吉之物的力量。此外，還富含食物纖維果膠，以及能抗老化的兒茶素。

做法

1

謹慎地清洗水蜜桃，以免碰傷。用廚房紙巾擦乾水分，連皮切塊狀。

2

檸檬洗淨，切成 0.5 公分寬的圓片。

3

將水蜜桃、冰糖放入容器中，倒入燒酎，加入檸檬片。等浸泡至果肉浮起，用保鮮膜蓋著表面。

4

2 個星期後取出檸檬片。

※ 果肉可以持續放在容器中，若不喜歡雜味，可將果肉取出。

3 個月後

1 個星期後

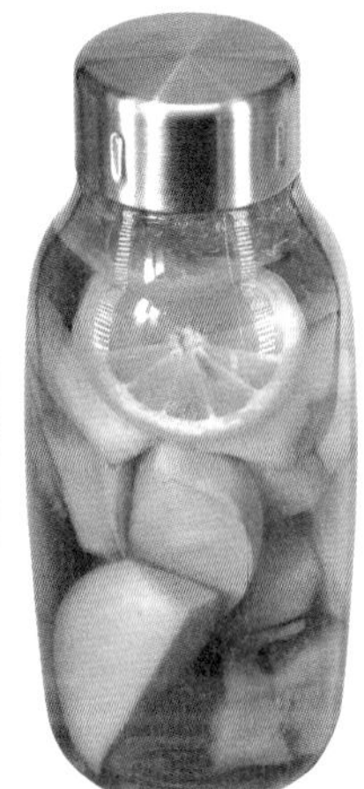

當天

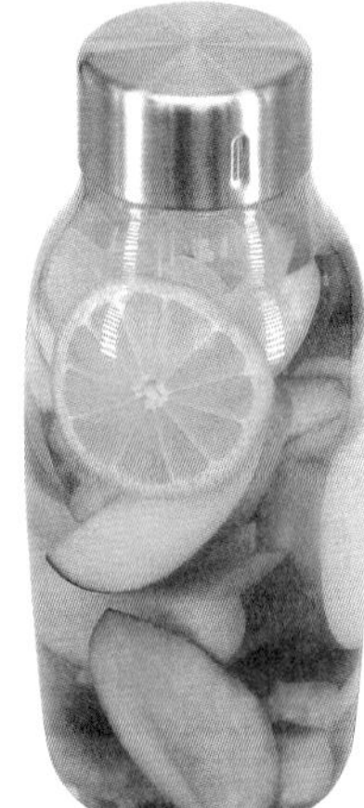

樹莓酒

別名「覆盆子」。因為富含有助於美白的多酚類鞣花酸、花青素等，特別推薦給女性飲用。覆盆子可以直接食用，但果實本身具有酸味，很適合做成果實酒。

選擇材料・浸泡時間

大部分都是進口，北海道和長野栽種的產季是6～8月。建議選擇鮮紅色，散發香氣的果實。

品嚐・風味

鮮艷的紅色帶來了視覺美感，可直接飲用、加冰塊或氣泡水。此外，加入無糖紅茶、烏龍茶，也是不錯的選擇。

MEMO 用木鏟將浸泡後取出的樹莓壓爛，和砂糖一起放入鍋中熬煮，幾分鐘後，美味的樹莓果醬或樹莓汁就完成了。

■ 建議容器與材料

保存容器	1 公升
樹莓	250 公克
冰糖	50 公克
甲類燒酎	500 毫升

■ DATA

品嚐時間｜約 2 個月後

成本｜便宜　中等　較貴

風味｜酸甜風味

換成其他基底酒也 OK｜伏特加

效果｜舒緩眼睛疲勞、預防生活習慣病、消除便秘、預防貧血、促進血液循環、抗氧化、緩解疲勞、美肌

2 個月後　1 個星期後　當天

做法

1

將樹莓放入大量清水中，使其浮於水面上，一邊清洗、瀝乾。用廚房紙巾將樹莓一顆顆充分擦乾。

2

將樹莓、冰糖放入容器中，倒入燒酎。

木通果酒

木通果成熟後，果皮會裂開，果肉的口感如香蕉般軟滑。
浸泡酒類時，果肉的甜與果皮的微苦，融合成特殊風味的琥珀色酒。

■ 建議容器與材料

保存容器	1.4 公升
木通果	270 公克
冰糖	30 公克
甲類燒酎	500 毫升

■ DATA

品嚐時間｜約 1 個月後
成本｜便宜　中等　較貴
風味｜甜與微苦
換成其他基底酒也 OK｜伏特加
效果｜利尿、舒緩眼睛疲勞、抗氧化、預防高血壓、抗衰老、美肌、緩解疲勞

選擇材料・浸泡時間

產季是9～10月。雖然日本大部分地區皆有栽種，但市面上販售的，是以山形縣產的為主。果皮尚未裂開、快成熟前且有點硬的，比較適合製作果實酒。木通果很快成熟，買回來要盡早製作。

品嚐・風味

建議加入冰塊，細細品嚐甜與微苦結合的風味。

MEMO 木通果的紫色皮富含具強烈抗氧化作用的花青素，能達到抗衰老或舒緩眼睛疲勞的效果。

做法

1
木通果仔細清洗，用廚房紙巾擦乾。

2
先縱切對半，再分別縱切3等分。

3
將木通果、冰糖放入容器中，倒入燒酎。

2 個月後

1 個星期後
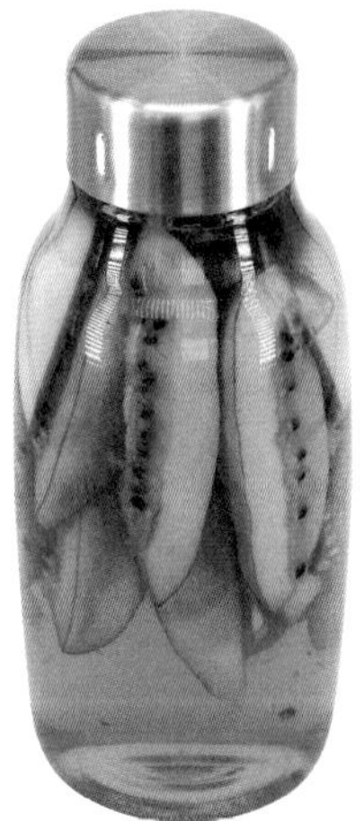

當天

無花果酒

看起來不開花僅結果，所以取名為「無花果」；
此外，無花果富含維生素、果膠等營養成分，也被稱為「不老長壽水果」。
浸泡酒類後 3 個月就能飲用，但若再浸泡使之更熟成，風味會更醇厚柔軟。

■ 建議容器與材料

保存容器	1.4 公升
無花果 260 公克（中型 4 ～ 5 個）	
檸檬	1/2 個
冰糖	10 公克
甲類燒酎	480 毫升

■ DATA

品嚐時間｜約 3 個月後
成本｜（便宜 中等 較貴）
風味｜黏稠與甜味
換成其他基底酒也 OK｜伏特加
效果｜消除便秘、預防腹瀉、促進消化、抗氧化、預防高血壓、舒緩水腫、預防貧血、美肌

選擇材料・浸泡時間

產季是 8 ~ 10 月。建議選擇整顆圓潤飽滿、散發香甜氣味，以及根部切口附近有顏色的。果蒂頭切口留有白色樹液的代表是新鮮的。

品嚐・風味

如果想品嚐濃滑口感，可以直接飲用或加冰塊。當然，加水或氣泡水也 OK。

MEMO 削皮時流出的白色汁液是消化酵素。胃酸功能變弱或下降時，可以飲用。

3 個月後

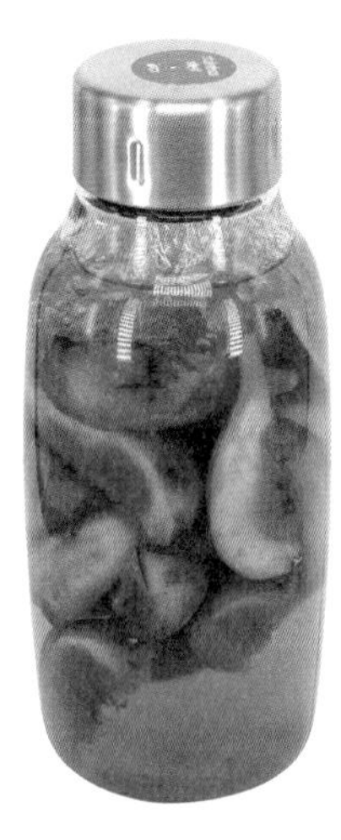

1 個星期後

當天

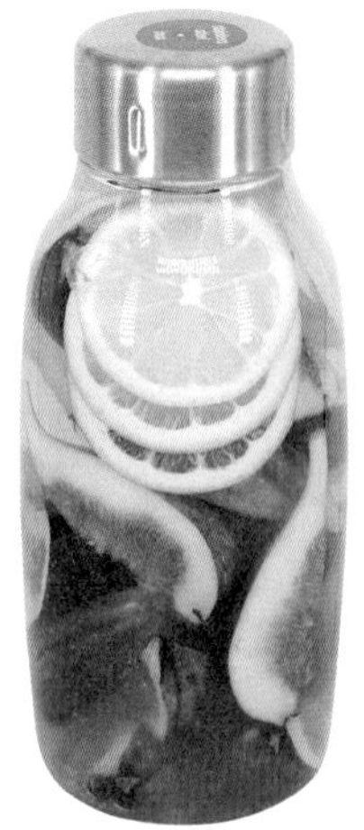

做法

1

無花果仔細清洗，擦乾水分，切掉軸部。

2

檸檬洗淨，連皮切成 0.5 公分寬的圓片。

3

將無花果、檸檬片和冰糖放入容器中，倒入燒酎。

4

1 個月後取出檸檬片，6 個月後取出無花果。

臍橙酒

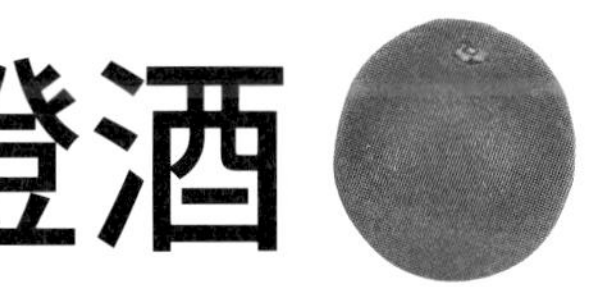

這款酒是使用無籽且散發濃厚水果香甜，很適合製作果實酒的臍橙。
果實頂部內生有一個如肚臍狀的小果（副果），因此英文用了「navel」（肚臍）這個單字，
中文翻譯成臍橙。淡金黃色的臍橙酒後味佳，散發出濃厚的水果清香與芳醇的風味。

選擇材料・浸泡時間

美國臍橙產季是11～翌年4月，日本和歌山縣、愛知縣和廣島縣等地，產期則是在2～3月。建議選購鮮艷橘色、果實表面光滑、外型完整無凹陷的，並且要確認果蒂處沒有發霉。

註 台灣臍橙產期為11月～隔年1月，盛產期為11月底～12月中旬。

品嚐・風味

直接喝，或者加入冰塊、氣泡水和冰茶皆可。

MEMO 臍橙含有豐富均衡的營養成分，像胡蘿蔔素、維生素 C 等維生素類、食物纖維等。

■ 建議容器與材料

保存容器	1.4 公升
臍橙	300 公克
冰糖	30 公克
甲類燒酎	470 毫升

■ DATA

品嚐時間｜約 2 個月後

成本｜便宜　中等　較貴

風味｜強烈甜味中帶有微酸

換成其他基底酒也 OK｜白蘭地、威士忌

效果｜緩解疲勞、預防高血壓、抗氧化、安定神經、預防感冒、預防生活習慣病、美肌

做法

1

盆子中裝滿溫水，放入臍橙，用海綿輕輕擦洗，再用廚房紙巾擦乾水分。

2

臍橙上下兩端都以刀橫切至可以看到果肉為止，果肉連皮切成 1 公分寬的圓片。

3

將臍橙、冰糖放入容器中，倒入燒酎。

4

2 個月後取出臍橙，這時將臍橙的皮剝掉，將果肉輕輕擠出汁，過濾後倒回酒中。

2 個月後

1 個星期後

當天

柿子酒

日本自古以來就栽種柿子，這是日本人非常熟悉的水果之一。
柿子酒中含有皮、種子的營養成分和甜味精華。
製作時，如果柿子葉工整漂亮，可以放入 2 ～ 3 片，風味更具層次。

■ 建議容器與材料

保存容器	1.4 公升
柿子	300 公克（小型 2.5 個）
冰糖	30 公克
甲類燒酎	470 毫升

■ DATA

品嚐時間｜約 3 個月後

成本｜便宜　中等　較貴

風味｜甜味

換成其他基底酒也 OK｜
日本酒（酒精成分 20%以上）

效果｜抗氧化、緩解疲勞、預防感冒、預防生活習慣病、消除便秘、預防高血壓、美肌

選擇材料・浸泡時間

產季是9～11月。如果用完全成熟，口感柔軟的柿子浸泡酒類，易散發出雜味，因此建議選用尚未完全熟成，還有點硬的比較適合。

註 台灣甜柿產期為9～12月，盛產期為10～11月。

品嚐・風味

因為是藥酒，可直接飲用20毫升。或者，也可以加入蔬菜汁，品嚐醇厚的風味。

MEMO 柿子的果肉、葉子都含有豐富的維生素 C，以及鉀、胡蘿蔔素和食物纖維等營養成分。

5 個月後

1 個星期後

當天

做法

1

柿子清洗乾淨，蒂頭周圍的髒汙也要清除，然後用廚房紙巾擦乾。

2

將柿子縱切對半，取掉蒂頭，再將柿子縱切 1.5 公分寬。

3

將柿子、冰糖放入容器中，如果蒂頭乾淨的話也可以加入，倒入燒酎。

栗子酒

說到最能代表秋天的旬味，當屬栗子。浸泡酒類時，
為了降低栗子皮的澀味，選用白蘭地。白蘭地的香甜與樸實的堅果香味融合，
口感香甜。加入黑糖增添風味，更香醇厚郁。

選擇材料・浸泡時間

栗子8～11月就能買到，但產季是9～10月。栗子是否新鮮非常重要，當季的栗子充滿香氣，外皮飽滿且光澤。隨著時間，栗子漸漸失去水分，皮和果肉會變硬，所以買回來之後要趕緊製作。外殼若有小洞（蟲眼）的不可購買。

品嚐・風味

直接喝或加冰塊飲用，能同時享受到栗子和白蘭地的獨特香氣。

MEMO 日本最主要的栗子品種是日本栗，日本栗是由野生的柴栗改良，比起中國天津甘栗、歐洲栗，更能抵抗害蟲。

5個月後

1個星期後

當天

■ 建議容器與材料

保存容器	1公升
栗子	380公克（淨重230公克）
冰糖	50公克
黑糖	50公克
白蘭地	470毫升

■ DATA

品嚐時間｜約5個月後
成本｜便宜　中等　較貴
風味｜甜味與栗子的風味
換成其他基底酒也OK｜黑蘭姆酒
效果｜消除便秘、預防高血壓、預防貧血、抗菌作用、滋養強壯、抗氧化、美肌

做法

1
栗子泡水約1小時。

2
鍋中倒入大量水煮滾，放入栗子，煮滾後熄火，置於鍋中約1小時。

3
將栗子平的那面放在砧板上，底部橫切掉約0.5公分，用尖刀在殼尖端切口，直向剝開外層硬殼，再剝掉內層薄皮。

4
用廚房紙巾擦乾水分，放入容器中，加入冰糖、黑糖，倒入白蘭地。

榲桲酒

榲桲（莎梨）具有芳醇的香氣，但因為很硬且有澀味，所以不能直接食用。
榲桲不同於其他水果，必須完全成熟才能浸泡酒類。
可選用表面有油分，黃色且香氣重的製作。

選擇材料・浸泡時間

產季在10～11月。建議選購整顆呈亮黃色、沒有色斑、皮滲出油分，以及香氣重、拿起來沉甸甸的。

品嚐・風味

直接喝或加冰塊都能充分品嚐榲桲的香氣。身體感到疲倦時，可加入薑或蜂蜜，再兌熱水稀釋，可使身體溫熱起來。

MEMO 「榲桲糖漿」對止咳很有效。做法是取230公克榲桲，去掉籽和梗，切成0.2～0.3公分寬的薄片，放入容器中。加入230公克冰糖、40毫升醋浸漬大約1～2個月即完成。

4個月後　**1個星期後**　**當天**

■ 建議容器與材料

保存容器	1.4公升
榲桲	270公克
冰糖	30公克
甲類燒酎	500毫升

■ DATA

品嚐時間｜約4個月後
成本｜便宜　中等　較貴
風味｜甜中微澀、微酸
換成其他基底酒也OK｜
日本酒（酒精成分20%以上）
效果｜緩解疲勞、預防感冒、止咳效果、緩解喉嚨發炎、抗氧化、美肌、放鬆身心

做法

1
榲桲浸泡在溫水中，用海綿清洗掉表面的黏液（不可使用熱水，會變色）。

2
用廚房紙巾擦乾水分，讓它自然乾燥，在常溫中放置熟成。

3
榲桲熟成後切掉受傷的地方，切成1.5公分寬的圓片。

4
將榲桲、冰糖放入容器中，倒入燒酎。

5
6個月後取出榲桲。如果想長時間保存，可放入鍋中加熱，煮滾之後再保存。

綠檸檬酒

綠檸檬是秋天趁檸檬皮還綠色時採收的。
採收後隨著一天天變黃，因此深綠色檸檬可以說是新鮮的證明。
用來浸泡酒類，將能同時擁有專屬秋季的清新香氣與清爽酸味。

選擇材料・浸泡時間

10～12月可以採收，由於過了1月就會變黃，所以秋天是最佳浸泡酒類的好時機。建議選擇表皮有點硬、具有光澤的。

註 台灣綠檸檬產期一年四季皆有，夏天是盛產期。

品嚐・風味

若想品嚐未熟檸檬的清爽，可以加冰塊或水；加入威士忌、氣泡水的高球雞尾酒（highball）也不錯。

MEMO 綠檸檬是日本國產的新鮮檸檬。以安心安全的綠檸檬浸泡酒類，便能品嚐酸爽香氣。

建議容器與材料

保存容器	1.4 公升
綠檸檬（無皮）	280 公克
綠檸檬皮	20 公克
冰糖	30 公克
甲類燒酎	470 毫升

DATA

品嚐時間｜約 2 個月後
成本｜便宜　中等　較貴
風味｜強烈酸味中帶有微甜
換成其他基底酒也 OK｜
琴酒、伏特加
效果｜緩解疲勞、抗氧化、抗菌作用、預防高血壓、促進老廢角質代謝、美肌

2 個月後

1 個星期後

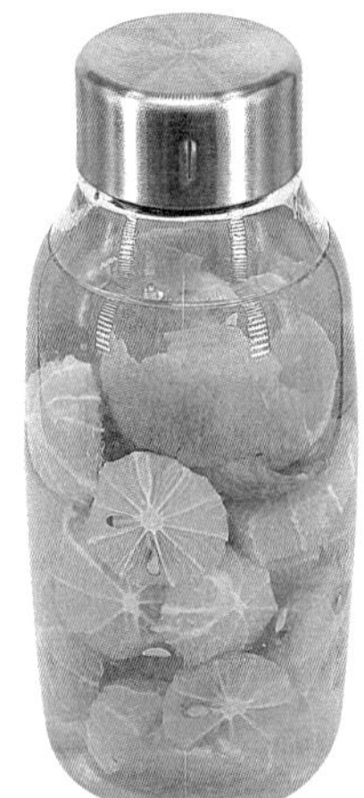

當天

做法

1

綠檸檬清洗乾淨，用刀子削除外皮，果肉切成 1.5 公分寬的圓片。

2

將綠檸檬果肉、皮、冰糖放入容器中，倒入燒酎。

3

1 個星期後取出皮，1 個月後取出果肉。

紅石榴酒

充滿酸甜與多汁的風味。由於一個果實中有許多籽，
石榴自古以來便有「多子多孫」的寓意。製作藥酒時僅使用石榴籽。
通體深濃的紅色，是一款成人風味的酒。

選擇材料・浸泡時間

日本的紅石榴產量少，大多都依靠進口，9～10月可以在超市買到。建議選購整顆呈紅色（外皮變成咖啡色的不可）、拿起來有重量的。

品嚐・風味

加入冰塊或氣泡水，此外，也可兌冰茶、烏龍茶飲用。

MEMO 有「女性水果」之稱的紅石榴，具有美肌以及對女性身體機能有益的效果。

■ 建議容器與材料

保存容器	1 公升
紅石榴	250 公克
冰糖	50 公克
甲類燒酎	500 毫升

■ DATA

品嚐時間｜約 3 個月後

成本｜便宜　中等　較貴

風味｜甜味、澀味與酸味

換成其他基底酒也 OK｜伏特加、白蘭地

效果｜緩解疲勞、抗氧化、抗菌作用、預防高血壓、增強記憶力、舒緩水腫、美肌

做法

1

先切掉紅石榴頭頂部位，再沿著白色纖維下刀（留意籽和果汁四處飛濺），取出石榴籽。

2

將石榴籽、冰糖放入容器中，倒入燒酎。

3

3 個月後取出石榴籽。

※ 石榴皮對身體有害，不可加入。

奇異莓酒

奇異莓酒帶有微微的果酸和野性的風味。
奇異莓（軟棗獼猴桃）自然生長在日本山區，果體切開後，剖面和奇異果極為相似，因此又叫作「寶貝奇異果」、「迷你奇異果」、「寶寶奇異果」等。

選擇材料・浸泡時間

產季是9～10月。皮變軟就能食用，但製作藥酒的話，必須使用成熟前，以及皮稍微變軟、散發香氣的果實。

品嚐・風味

直接飲用或加冰塊，都能品嚐到這款酒的野性風味。

MEMO 奇異莓栽種不易，是市面上很少見的「夢幻珍果」。

■ 建議容器與材料

保存容器	1 公升
奇異莓	300 公克
冰糖	30 公克
甲類燒酎	470 毫升

■ DATA

品嚐時間｜約 4 個月後
成本｜便宜 中等 較貴
風味｜酸甜融合
換成其他基底酒也 OK｜
日本酒（酒精成分20%以上）
效果｜緩解疲勞、滋養強壯、改善失眠、預防高血壓、消除便秘、抗氧化、促進食慾、緩解手腳冰冷、美肌

4 個月後　1 個星期後　當天

做法

1

奇異莓清洗乾淨，用廚房紙巾擦乾，挑出表皮有黑斑、受傷的不使用。

2

用廚房剪刀剪掉蒂頭、梗。

3

將奇異莓、冰糖放入容器中，倒入燒酎。

楊桃酒

楊桃的正式名稱是「五斂子」，但由於橫切後，切面成星星狀，
所以英文叫作「星星果」（star fruit）。楊桃的五星尖處有淡淡的澀味，
容易滲入酒中，所以要切掉。楊桃是熱帶水果，和泡盛是絕配。

■ 建議容器與材料

密封容器	1.4 公升
楊桃	270 公克
泡盛	530 毫升

■ DATA

品嚐時間｜約 2 個月後
成本｜（便宜　中等　較貴）
風味｜微甜
換成其他基底酒也 OK｜
白蘭地、伏特加、甲類燒酎
效果｜舒緩水腫、消除便秘、預防腹瀉、高血壓、生活習慣病等、抗氧化、美肌

選擇材料・浸泡時間

產季是9月～翌年2月，多在沖繩等地栽種。可選擇外皮硬度適中、呈黃色的楊桃。完全成熟的楊桃外皮較軟，不適合浸泡酒類。

註 台灣楊桃產期為1～4月、6～12月，盛產期為1～3月。

品嚐・風味

口感柔和，可以加入冰塊飲用。或是將酒和氣泡水倒入玻璃杯中，再以星形果肉點綴也風味十足。

MEMO 具有強烈甜味的品種可以直接食用，酸味較明顯的品種，則適合製作果醬或醃漬。至於製作果實酒，甜味、酸味的楊桃都可以。

2 個月後

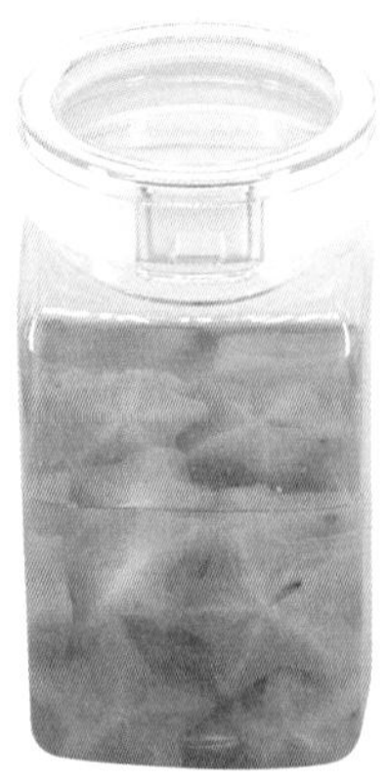

1 個星期後

當天

做法

1

楊桃洗淨，用廚房紙巾擦乾水分。

2

將楊桃的五星尖處切掉，再切成 1 公分寬的片狀。

3

將楊桃放入容器中，倒入泡盛。

醋橘酒

日本的醋橘產地幾乎都在德島縣。清爽的酸中帶著微苦，不含甜味。這裡使用了糖度高於甲類燒酎的日本酒浸泡，能使甜、酸與苦達到平衡，創造出多層口感。

選擇材料・浸泡時間

產季是8～9月。因陽光照射充足而皮呈深綠色，並且富含維生素類營養素、香氣十足的酸橘適合浸泡酒類；10月下旬之後醋橘成熟，皮轉黃色，水分減少且酸味降低，不適合製作醋橘酒。

品嚐・風味

加入冰塊或水，都可以品嚐到酸、甜、苦平衡的風味。

MEMO 據近年研究發現，醋橘的果渣具有抑制血糖上升的效果，是醋橘獨有的特色。

■ 建議容器與材料

保存容器	1公升
醋橘	240公克（8個）
冰糖	20公克
日本酒（酒精成分20%以上）	540毫升

■ DATA

品嚐時間｜約1個月後

成本｜（便宜　中等　較貴）

風味｜口感柔順、具有甜味和苦味

換成其他基底酒也OK｜甲類燒酎（需增加冰糖分量）

效果｜緩解疲勞、抗氧化、降血壓、促進食慾、緩解手腳冰冷、安定神經、美肌

1個月後

1個星期後

當天

做法

1

醋橘清洗乾淨，用廚房紙巾擦乾，切掉蒂頭，再切成0.7～0.8公分寬的圓片。

2

將醋橘、冰糖放入容器中，倒入日本酒。

3

2個星期後取出醋橘。

西洋梨酒

梨大致可分成中國梨、日本梨和西洋梨（洋梨）3 大類。具有明顯香氣與甜味的法蘭西梨（La France）、歐羅拉梨（Aurora）適合製作果實酒。
由於含有 80%以上的水分且甜度高，即使不加糖，也能享受到甘甜爽口。

選擇材料・浸泡時間

產季是7～11月。建議選擇果皮光澤、沒有受傷，手拿起來沉甸甸的，表皮有點青色的，也可以浸泡酒類。

品嚐・風味

氣味芳醇且具有濃厚的水果甘甜滋味，即使不習慣喝酒的人也適合。加入氣泡水的話，會更順口好喝。

■ 建議容器與材料

保存容器	1.4 公升
西洋梨	380 公克
甲類燒酎	420 毫升

※ 若使用水分充足的西洋梨，300 公克即可。

■ DATA

品嚐時間｜約 2 個月後
成本｜便宜　中等　較貴
風味｜甜味，易入口
換成其他基底酒也 OK｜龍舌蘭
效果｜預防夏日倦怠、預防貧血、消除便秘、利尿、促進消化、解熱作用

MEMO 西洋梨因含有豐富的鉀，對生理代謝、利尿具有效果，適合在殘暑（立秋～秋分之間）喝一杯以補充水分。此外，皮與籽的甜味與精華，都能滲入酒之中。

2 個月後

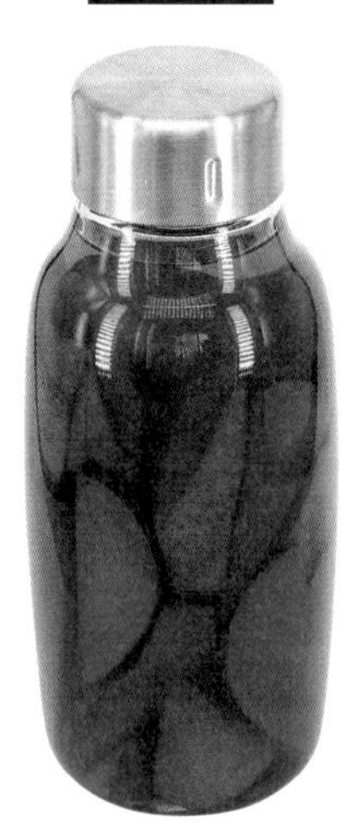

1 個星期後

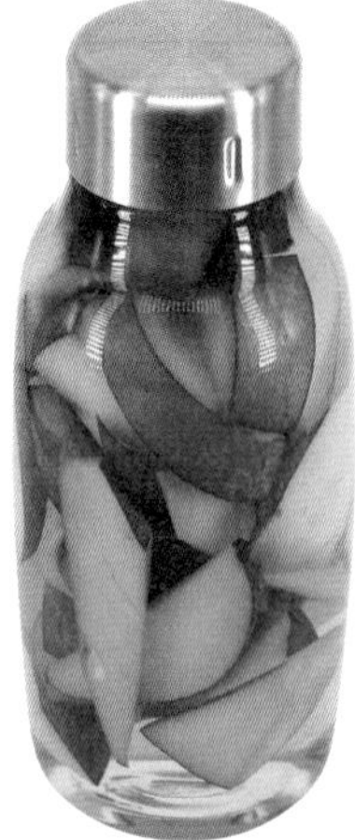

當天

做法

1

西洋梨縱切 6～8 等分，切掉底端和蒂頭凹陷處（籽留著沒關係）。

2

將西洋梨放入容器中，倒入燒酎。

姬蘋果酒

姬蘋果顏色鮮紅、個頭迷你，時常用在飛機餐、廟會裡的蘋果糖葫蘆。
雖然本身有點澀，但酸甜滋味佳，很適合用來浸泡酒類。
整顆圓圓的直接浸泡很可愛，不過切開再浸泡會更快完成。

選擇材料・浸泡時間

這裡使用的是長野縣栽種的「阿爾卑斯少女」姬蘋果，產季是10月中到下旬。建議選擇梗在中心、果實飽滿、果皮光澤，以及果實較硬的。

品嚐・風味

除了加入冰塊，加入氣泡水調成氣泡蘋果汁也是不錯的選擇。

MEMO 相較於直接食用，姬蘋果更適合用在製作果實酒、果醬等加工食品。

■ 建議容器與材料

保存容器	1.4 公升
姬蘋果	250 公克
檸檬	1/2 個
冰糖	30 公克
甲類燒酎	470 毫升

■ DATA

品嚐時間｜約 3 個月後
成本｜便宜　中等　較貴
風味｜甜味與明顯的酸味
換成其他基底酒也 OK｜
威士忌、黑蘭姆酒、伏特加
效果｜緩解疲勞、滋養強壯、抗氧化、整腸作用、美肌、舒緩眼睛疲勞

3 個月後

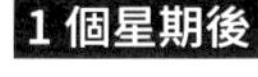

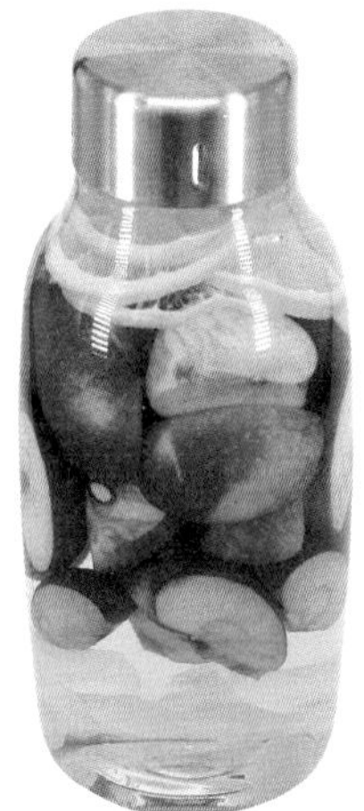

當天

做法

1
盆子中裝滿溫水，放入姬蘋果，用海綿輕輕擦洗。縱切成 4 等分，切掉底端和蒂頭凹陷處。蘋果籽可加入，不用丟掉。

2
檸檬洗淨，切成 0.5 公分寬的圓片。

3
將姬蘋果、冰糖和檸檬放入容器中，倒入燒酎。

4
1 個月後取出檸檬。

斐濟果酒

在日本，認識斐濟果（Feijoa）的人還不多，不過比起關東，
西南地區栽種的人更多，主要的產地在紐西蘭。
它融合了香蕉和鳳梨的酸甜風味，可以做成熱帶風味的果實酒。

■ 建議容器與材料

保存容器	1 公升
斐濟果	250 公克
冰糖	30 公克
甲類燒酎	520 毫升

■ DATA

品嚐時間｜約 2 個月後

成本｜便宜　中等　較貴

風味｜酸甜與獨特的風味

換成其他基底酒也 OK｜
伏特加、白蘭地

效果｜舒緩水腫、預防高血壓、消除便秘、緩解疲勞、美肌

選擇材料・浸泡時間

產季是11～12月。斐濟果並非採收後立刻食用，必須經過催熟（採摘後，繼續維持熟成的過程）才會更好吃且增加營養。斐濟果成熟前皮會開始變軟，散發香氣時，最適合浸泡酒類。

品嚐・風味

加入冰塊或氣泡水，都能品嚐到斐濟果酒的風味與香氣。

MEMO 斐濟果除了用在果實酒，也可以直接食用，做成果醬或雪酪、果昔，美味不減！

2 個月後　1 個星期後　當天

做法

1

用刀剝除斐濟果的外皮，切成 1 公分寬的圓片。

2

將斐濟果、冰糖放入容器中，倒入燒酎。

平兵衛醋橘酒

日本江戶時代末期（1850 ～ 1868 年），由長宗我部平兵衛於山中發現，因此名為「平兵衛醋橘」。相較於醋橘和酸橘，平兵衛醋橘幾乎沒有籽且皮薄，做成果實酒香氣濃郁，且具有酸爽清新的滋味。

選擇材料・浸泡時間

產季是 8〜9 月，而且只有在宮崎縣日向市才有栽種。平兵衛醋橘的採收期極短，不可長期保存，但短時間可以冷凍保存。

品嚐・風味

加入冰塊，可以輕鬆地享受平兵衛醋橘的香氣；加入氣泡水則溫和清爽。

MEMO 我們從飲食中攝取的 9 種類必需胺基酸中，平兵衛醋橘就含了 8 種。

■ 建議容器與材料

保存容器	1.4 公升
平兵衛醋橘	270 公克
冰糖	30 公克
甲類燒酎	500 毫升

■ DATA

品嚐時間｜約 3 個月後

成本｜便宜　中等　較貴

風味｜甜味、微澀

換成其他基底酒也 OK｜
日本酒（酒精成分 20% 以上）

效果｜緩解疲勞、抗氧化、緩解手腳冰冷、放鬆身心、美肌、緩減花粉症

2 個月後　　當天

做法

1

用刀剝除平兵衛醋橘的外皮，切成 1 ～ 1.5 公分寬的圓片。

2

將平兵衛醋橘、冰糖放入容器中，倒入燒酎。

3

2 個月後取出平兵衛醋橘，過濾酒液。

泡泡果酒

熟成後果肉會變成橘色，具有濃郁奶香且口感細緻綿密，
有「森林中的卡士達醬」之稱。用來製作果實酒，
能品嚐到香蕉般濃郁的香氣與軟滑的口感。

選擇材料・浸泡時間

產季是9～10月。小顆泡泡果可食用部分較少，建議選擇重量在150公克以上的。泡泡果採收後約第二天，果皮開始變黑，但果肉不受影響。可選用果皮稍微軟、散發香氣的浸泡酒類。

品嚐・風味

直接飲用，或是加入冰塊、牛奶一起享用。

MEMO 泡泡果在市面上很難買得到，有「夢幻之果」之稱。由於果皮表面易生黑斑，快速熟成易腐爛，加上運送不易，所以不容易品嚐到。

2個月後

1個星期後

當天

建議容器與材料

保存容器	1.4 公升
泡泡果	270 公克
冰糖	30 公克
甲類燒酎	500 毫升

DATA

品嚐時間｜約 2 個月後

成本｜便宜　中等　較貴

風味｜口感綿密，甜中帶酸

換成其他基底酒也 OK｜黑蘭姆酒、伏特加

效果｜緩解疲勞、預防生活習慣病、抗氧化、預防感冒、美肌

做法

1

泡泡果清洗乾淨，用廚房紙巾擦乾。

2

用刀將蒂頭和果皮上的黑點切掉，避開籽，將果肉切成一口大小。

3

將泡泡果、冰糖放入容器中，倒入燒酎。

4

1個月後取出泡泡果。

※ 如果用的是橘色果肉的熟成泡泡果，浸泡過程中易出現雜味，所以趁早過濾為佳。

野木瓜酒

和關東以西的野生木通果是同類，
但比木通果小，皮較薄，熟成後果皮也不會裂開。
野木瓜酒呈紫紅色，微甜、微苦，口感更具層次。

選擇材料．浸泡時間

產季是10～11月，選擇整顆呈紅色，手拿起來有重量的為佳。製作果實酒，快熟成前的最適合。

品嚐．風味

直接飲用，或加入冰塊、氣泡水，都能感受到甜與苦融合的圓潤口感，更具層次的特殊風味。

MEMO 和木通果一樣，從以前就令人倍感親切，但如今在市面上，已經不容易買到了。

■ 建議容器與材料

保存容器	1.4 公升
野木瓜	300 公克
冰糖	30 公克
甲類燒酎	470 毫升

■ DATA

品嚐時間｜約 1 個月後
成本｜便宜　中等　較貴
風味｜酸、甜多層次風味
換成其他基底酒也 OK｜
龍舌蘭、伏特加
效果｜緩解疲勞、降低高血脂、促進消化、預防感冒、抗氧化、美肌

1 個月後

1 個星期後

當天

做法

1

野木瓜清洗乾淨，用廚房紙巾擦乾，縱切對半。

2

將野木瓜、冰糖放入容器中，倒入燒酎。

3

1～2 個月後，取出野木瓜。

蜜羅金柚酒

來自美國，是葡萄柚和柚子雜交選育而成的品種。
蜜羅白柚（Melogold）沒有葡萄柚那麼酸，還多了強烈的甜味與微苦，
果肉較柔軟且多汁，很適合製作果實酒。

選擇材料・浸泡時間

大多產於美國，產季是11～翌年2月。可選擇整顆外型完整勻稱，手拿起來有點重的。11～12月剛採收時，果皮偏淡黃綠色，進入1月後會漸轉為黃色，酸味更明顯。

品嚐・風味

由於口感清爽，建議大家簡單地加入冰塊或氣泡水飲用即可。

■ 建議容器與材料

保存容器	1.4 公升
蜜羅金柚	250 克（約 1/2 個）
冰糖	50 公克
甲類燒酎	500 毫升

■ DATA

品嚐時間｜約 2 個月後
成本｜便宜　中等　較貴
風味｜酸與微苦
換成其他基底酒也 OK｜琴酒
效果｜緩解疲勞、燃燒脂肪、放鬆身心、改善失眠、抗氧化、美肌

做法

1
在金柚底部中間切一個十字。

2
用手剝橘皮，小心地用刀切果肉，一分為二。

3
分成一瓣一瓣，用刀子或廚房剪刀，將每一瓣金柚從上面橫向切開或剪開，剝去白色薄膜，再去掉籽。

4
將金柚、冰糖放入容器中，倒入燒酎。

5
2 個月後取出果肉。戴上塑膠手套，將果肉擰出汁液後過濾。

2 個月後

當天

金桔酒

金桔是能代表冬天，外型迷你、可愛的柑橘類水果。
它是柑橘類中唯一可以連皮食用的，果皮還含有豐富的營養。
由於皮帶點苦味，加入蜂蜜可以讓金桔酒的口感更柔和。

選擇材料・浸泡時間

產季是1～3月。建議選擇果皮呈明亮橘色、具有光澤且光滑，手拿起來沉甸甸的。

品嚐・風味

金桔酒含有維他命C、A及食物纖維。感到寒冷時，兌熱水飲用，可以讓身體暖和起來。

■ 建議容器與材料

保存容器 1公升
金桔 270公克（17～20個）
薑 1段（10公克）
蜂蜜 2大匙
日本酒（酒精成分20%以上）
400毫升

■ DATA

品嚐時間｜約2個月後
成本｜便宜　中等　較貴
風味｜微苦中帶有甜味
換成其他基底酒也OK｜
甲類燒酎、琴酒
效果｜抗氧化、促進消化、預防感冒、緩解疲勞、美肌、消除便秘、安定神經

MEMO 金桔皮含有能保護血管健康的橙皮苷（Hesperdin）成分。金桔酒能更有效率地攝取到橙皮苷。

2個月後

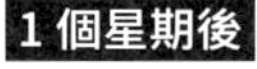

做法

1

金桔浸泡在溫水中清洗，撈起瀝乾，再用廚房紙巾擦乾。

2

金桔縱切成4等分，薑連皮一起切成0.5公分厚的片狀。

3

將金桔、薑和蜂蜜放入容器中，倒入日本酒。

扁實檸檬酒

扁實檸檬給人酸味強烈的印象，但酸中仍帶些許甘甜。
如果要浸泡酒類，無疑與來自沖繩的泡盛非常絕配。

■ 建議容器與材料

保存容器	1 公升
扁實檸檬	250 公克（淨重）
冰糖	30 公克
泡盛	520 毫升

■ DATA

品嚐時間｜約 3 個月後

成本｜便宜　中等　較貴

風味｜甜中微酸

換成其他基底酒也 OK｜
日本酒（酒精成分 20%以上）
伏特加、琴酒

效果｜緩解疲勞、降低膽固醇、預防高血壓、降低血糖、緩減花粉症、美肌、安定神經

選擇材料・浸泡時間

產季比較長，約在8~翌年2月。果皮綠色的扁實檸檬酸味明顯，適合用在調味料和製作果實酒；熟成的黃色扁實檸檬比較甜，可以直接食用。

註 扁實檸檬的另個名字是台灣香檬，是台灣原生種柑橘類之一。產季以夏季（7~10月）為主，冬季（12~3月）產量較少。

品嚐・風味

加入冰塊，便能品嚐到泡盛與扁實檸檬的清香。此外，在魚料理上面擠些許扁實檸檬汁再去烤，除了能去掉魚腥味，柑橘的清爽香氣更是十足。

MEMO 無論綠色或黃色果皮的扁實檸檬，都能製作果實酒。

2 個月後

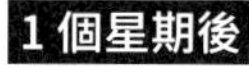

做法

1

剝掉扁實檸檬的皮，去掉果肉上的白絲（白筋），再用竹籤挑除細絲。

2

將扁實檸檬、冰糖放入容器中，倒入泡盛。

3

3 個月後取出扁實檸檬。

青柚酒

青柚產於以色列，是葡萄柚和柚子雜交選育而成的品種。
美國產的叫作白金柚（Oroblanco）。青柚酒口感酸爽，卻也能品嚐到香甜。

■ 建議容器與材料

保存容器	1.4 公升
青柚	270 公克（淨重）
冰糖	30 公克
甲類燒酎	500 毫升

■ DATA

品嚐時間｜約 2 個月後
成本｜便宜　中等　較貴
風味｜甜酸風味
換成其他基底酒也 OK｜伏特加、琴酒
效果｜預防感冒、緩解疲勞、抗氧化、消除便秘、預防腹瀉、美肌、改善失眠、安定神經

選擇材料・浸泡時間

產季是11～翌年2月，市面上販售的大多來自國外。青柚是在熟成前便採收出口，所以黃色果皮的比綠色果皮的好。可選購外型完整勻稱、果皮無傷痕、拿起來稍有點重量的較好。

品嚐・風味

加入冰塊或氣泡水，更能品嚐到清爽的酸味。

MEMO 青柚是 1958 年在美國培育成功，日本則是在 1990 年代，將其添加於口香糖、清涼氣泡水當中，因此廣為大眾所知。

2 個月後

1 個星期後

當天

做法

1

將青柚頂部、底部切掉，在果肉的上方、下方各切 4 刀，再沿著切痕剝掉青柚皮。

2

將青柚（連籽）、冰糖放入容器中，倒入燒酎。

3

3 個月後取出青柚。

苦橙酒

在日本，大家都很熟悉，用在新年鏡餅裝飾的苦橙，沒有甜味。
它具有明顯的酸味，常用來製作橙醋等調味料。
苦橙酒不需要加糖，兼具酸爽與清香風味。

■ 建議容器與材料

保存容器	1.4 公升
苦橙	3 個（淨重 330 公克）
苦橙皮	1 個分量（30 公克）
甲類燒酎	450 毫升

■ DATA

品嚐時間｜約 2 個月後

成本｜（便宜　中等　較貴）

風味｜綿密、酸味

換成其他基底酒也 OK｜伏特加、琴酒

效果｜緩解疲勞、預防感冒、消除便秘、預防腹瀉、利尿、抗氧化、預防高血壓、美肌、安定神經

選擇材料・浸泡時間

產季是11～翌年1月上旬。可以選擇果皮呈明亮橘色、沒有傷痕，並且飽滿多汁，拿起來有重量的。

品嚐・風味

因為沒有甜味，可依個人喜好添加蜂蜜，再加入熱水、氣泡水等飲用。在溫暖如春的好天氣時，建議加入啤酒，入口時更能感受到奔放的柑橘芳香。

MEMO 加入的苦橙皮，大約是果肉分量的十分之一。雖然浸泡 2 個星期左右就能飲用，但熟成約需 2 個月。

2 個月後　**1 個星期後**　**當天**

做法

1

苦橙充分洗淨，用廚房紙巾擦乾。

2

將苦橙頂部、底部切掉，用刀以繞圈的方式剝除果皮。

3

將苦橙果肉、皮放入容器中，倒入燒酎。

4

1 個星期後取出苦橙皮，2 個月後取出果肉。

凸頂柑酒

頂部蒂頭凸起的外型特徵，因此有「凸頂柑」之名。
果皮柔軟容易剝開，果肉帶著濃郁的甜味。
以凸頂柑浸泡的酒，呈淡淡透明的金黃色，口感柔和。

選擇材料・浸泡時間

產季是12~翌年3月。可以選擇果皮呈深黃橘色，拿起來有重量，果皮與果肉緊密連接且無浮皮的。此外，頂部凸起的形狀不會影響到風味。

品嚐・風味

加入冰塊，可以品嚐到柑橘的清甜與清爽的香氣。兌氣泡水的話，凸頂柑酒的甘甜與冒泡的氣泡水，帶來爽快刺激的口感。

MEMO 凸頂柑的名字是JA熊本果農協會的註冊商標，學名「不知火」，是清美和椪柑雜交後形成的新品種，主要栽種區域位於九州地方的熊本。

2個月後

1個星期後

當天

■ 建議容器與材料

保存容器	1.4公升
凸頂柑	300公克
冰糖	30公克
甲類燒酎	470毫升

■ DATA

品嚐時間｜約2個月後

成本｜便宜　中等　較貴

風味｜濃郁的甜味

換成其他基底酒也OK｜
伏特加、琴酒

效果｜緩解疲勞、預防感冒、消除便秘、預防腹瀉、利尿、抗氧化、預防高血壓、美肌、安定神經

做法

1

凸頂柑充分洗淨，用廚房紙巾擦乾。

2

剝掉凸頂柑的皮，去掉果肉上的白絲（白筋），橫切1公分寬的圓片。

3

將凸頂柑、冰糖放入容器中，倒入燒酎。

4

3個月後取出果肉。戴上塑膠手套，將果肉擰出汁液後過濾，更能品嚐到果汁風味。

日向夏柑酒

日向夏柑是宮崎縣的名產，在高知縣人稱「土佐小夏」，在愛媛縣則叫作「新夏橙」（New Summer Orange），依產地而有不同名稱是它的特色。
它的白色皮瓤較厚，具有甜味，可以連皮瓤一起浸泡。

■ 建議容器與材料

保存容器	1 公升
日向夏柑	300 公克
冰糖	30 公克
甲類燒酎	470 毫升

■ DATA

品嚐時間｜約 2 個月後

成本｜便宜　中等　較貴

風味｜甜中些微苦

換成其他基底酒也 OK｜琴酒

效果｜緩解疲勞、預防感冒、抗氧化、消除便秘、預防腹瀉、美肌、安定神經

選擇材料・浸泡時間

1～4月是最佳的浸泡及享用時間。可以選擇果皮明亮黃澄、蒂頭未轉成枯萎咖啡色，並且拿起來有重量的果實。

品嚐・風味

柑橘類的酒和氣泡水是完美組合。當然，直接喝或加冰塊飲用風味都佳。

MEMO 日向夏柑削掉的黃皮，可以用砂糖糖漬，做成糖漬柑片，或是切碎當作料理的佐料、飲品的材料等，用途很廣。

2 個月後

1 個星期後

當天

做法

1

以刀薄薄地削除日向夏柑的皮，盡可能保留白色皮瓤，再橫切約 1 公分厚的圓片。

2

將日向夏柑、冰糖放入容器中，倒入燒酎。

3

2 個月後取出果肉。戴上塑膠手套，將果肉擰出汁液後過濾，更能品嚐到果汁風味。

佛手柑酒

佛手柑和柑橘是同伴，就如同香蕉般，外型深具特色。在日本，佛手柑是吉祥物，多用在慶祝新年的裝飾品，但在義大利，是製作果醬的材料。
浸泡酒類酸味、甜味都不明顯，具有獨特的清爽香甜。

選擇材料・浸泡時間

請選擇果皮具有光澤的。佛手柑多用在新年的觀賞用裝飾品，一般在年尾就能買到，不過，因主要栽種區位於鹿兒島縣、和歌山縣，所以在其他地方不容易購得。

品嚐・風味

想要愉快地品嚐到柑橘類中佛手柑獨有的風味，可以加入冰塊或兌開水飲用。

MEMO 果形獨特的佛手柑，據說是「帶來幸福的水果」。

建議容器與材料

保存容器	1.4 公升
佛手柑	220 公克
冰糖	30 公克
日本酒（酒精成分 20%以上）	550 毫升

DATA

品嚐時間｜約 3 個月後
成本｜便宜　中等　較貴
風味｜特殊的清爽甜味
換成其他基底酒也 OK｜甲類燒酎
效果｜健胃、消除便秘、預防腹瀉、緩解疲勞、緩解手腳冰冷、放鬆身心、促進食慾、鎮痛

做法

1
盆子中裝滿水，放入佛手柑輕輕擦洗，果瓣細長的部分用刷子刷掉髒汙。用廚房紙巾擦乾。

2
切掉蒂頭，以廚房剪刀剪掉頂端和皮。

3
將佛手柑、冰糖放入容器中，倒入日本酒。等佛手柑浮起來，將保鮮膜輕揉抓皺，平鋪覆蓋於液體表面，蓋上蓋子。

1 個月後　　1 個星期後

當天

蜜柑酒

說到最能代表日本冬季的水果，首推溫州蜜柑了。
用它浸泡酒類，幾乎感覺不到酸味，一股令人懷念的甜味讓人心情平靜。
另外，可以用在陽光或風中乾燥的蜜柑皮，增加浸泡酒的濃郁風味。

選擇材料・浸泡時間

產季是11～翌年2月。果皮具有光澤、果蒂鮮綠的代表新鮮。果皮平滑、沒有浮皮的為佳，果皮表面有許多小顆粒的凹凸，代表甜度高。

品嚐・風味

無酸味，甜味柔和，直接飲用容易入口。也很推薦加入氣泡水或原味茶品嚐。

MEMO 近年來，不吃蜜柑的人變多了，因此更著重在甜度、品質上。保存時，箱蓋要打開，不要疊放。

2個月後

1個星期後

當天

■ 建議容器與材料

保存容器	1.4 公升
溫州蜜柑	300 公克
溫州蜜柑皮	1 個分量
冰糖	20 公克
甲類燒酎	480 毫升

■ DATA

品嚐時間｜約 2 個月後

成本｜便宜　中等　較貴

風味｜清新的甜味

換成其他基底酒也 OK｜龍舌蘭

效果｜抗氧化、緩解疲勞、預防感冒、預防骨質疏鬆、緩解手腳冰冷、消除便秘、美肌

做法

1

剝掉蜜柑的皮，小心地去掉果肉上的白絲（白筋），橫切成 1 公分厚的圓片。

2

將蜜柑皮的蒂頭去掉。

3

將蜜柑、蜜柑皮和冰糖放入容器中，倒入燒酎。

4

1 個星期後取出蜜柑皮，2 個月後取出果肉。

燒蘋果酒

蘋果以微波加熱，甜味會凝縮，放入酒類浸泡，便能散發出濃郁的甜味，
後味則感到清爽。這裡使用風味鮮明的龍舌蘭，
再加入少許紅胡椒粒，增添香料風味，完成一款成人風味酒。

■ 建議容器與材料

保存容器	1.4 公升
燒蘋果	340 公克
紅胡椒粒	2 小匙
龍舌蘭	450 毫升

■ DATA

品嚐時間｜約 1 個月後

成本｜（便宜　中等　較貴）

風味｜甜味、微澀

換成其他基底酒也 OK｜黑蘭姆酒、白蘭地

效果｜緩解疲勞、滋養強壯、抗氧化、整腸作用、美肌、舒緩眼睛疲勞

選擇材料・浸泡時間

蘋果的產季依品種有些許差異，大約在 9 ～ 11 月，一般使用剛採摘的新鮮蘋果製作果實酒。可以選購果柄在中心，拿起來沉甸甸的較佳。

註　台灣的蘋果產期為10～2月間，盛產期為11～12月。

品嚐・風味

如果想品嚐原味，可以直接飲用；加入薑汁汽水，則變成成人風味的雞尾酒。

MEMO 蘋果經過加熱烹調，營養價值更提升。其所含的水溶性食物纖維果酸，具有整腸效果，是未經加熱烹調的蘋果的數倍，對於便秘、腹瀉的預防和改善，有極佳的效果。

1 個月後

1 個星期後

當天

做法

1

盆子中裝滿溫水，放入蘋果，用海綿輕輕擦洗。縱切成 6 ～ 8 等分，切掉底端和蒂頭凹陷處，清掉果柄的髒汙。

2

將蘋果排在耐熱容器上，不要蓋保鮮膜，以微波（500W）加熱 1 ～ 1 分鐘 30 秒（蘋果冒著熱氣，咀嚼仍有口感的狀態）。

3

蘋果放涼後，將蘋果、紅胡椒粒放入容器中，倒入龍舌蘭。

日本柚子酒

原產於中國，屬於芸香科。在日本各地都有栽種，香氣濃郁。
它是柑橘類中耐寒性最強、果汁含量少的一種。
此外，其果皮所含的維生素 C、檸檬酸等營養素，較果肉來得多。

選擇材料・浸泡時間

產季是11～翌年1月。建議選擇果皮具有光澤、呈鮮明的黃色、沒有受傷，以及表面粗糙的。

品嚐・風味

在寒冷的冬天飯後來一杯兌熱水的柚子酒，身心更舒暢。

■ 建議容器與材料

保存容器	1.4 公升
香橙	220 公克（大約 2 個）
香橙皮	1 個分量
蜂巢蜜（蜂蜜亦可）	80 公克
甲類燒酎	500 毫升

※ 編註：日本柚子漢字寫作「柚子」，但和台灣柚子不同，又叫香橙，屬於柑橘類的一種，一般用在調味料，而非直接食用。

■ DATA

品嚐時間｜約 3 個月後
成本｜便宜　中等　較貴
風味｜酸中帶甜
換成其他基底酒也 OK｜
日本酒（酒精成分 20%以上）
效果｜預防感冒、抗氧化、緩解疲勞、緩解手腳冰冷、消除便秘、預防腹瀉、美肌

做法

1
加入太多柚子皮會滲入澀味，所以需留意加入量。

2
柚子以溫水清洗，瀝乾水分。

3
將柚子的皮和果肉分開，分別盡可能去掉白瓤。

4
果肉切成 1.5 公分厚的圓片。

5
將果肉、蜂巢蜜（或蜂蜜）和柚子皮放入容器中，倒入燒酎。

6
1 個星期後取出柚子皮，2 個月後取出果肉。

MEMO 剩下的柚子皮可以用在料理的佐料。盡可能切除白瓤，切碎，再分成幾份，分別以保鮮膜包好，裝入密封袋中，放置冷凍保存。冷凍的話，大約可保存 1 年。

1 個星期後

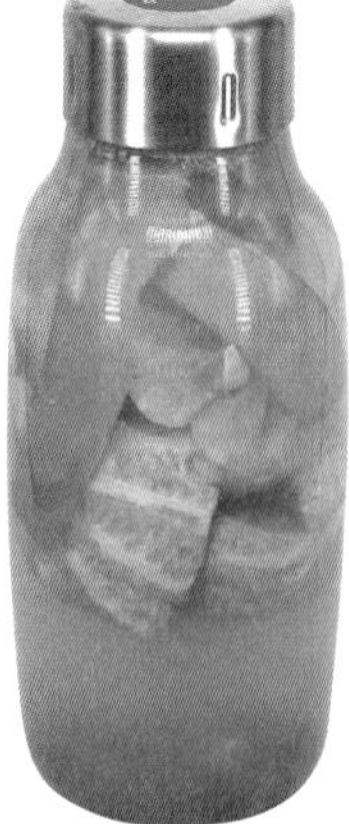

當天

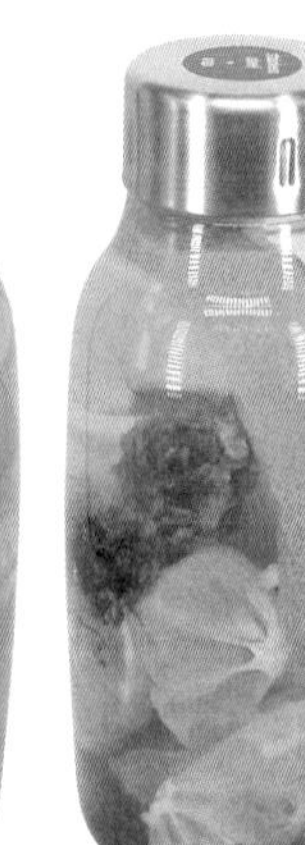

蘋果酒

將風味與香氣顯著的蘋果，放入濃郁的黑糖和白蘭地中浸泡，
完成了這款微紅的琥珀色果實酒。入口時能感受到蘋果與白蘭地的馥郁香氣。

選擇材料・浸泡時間

主要品種產季在9～11月，之後的都是儲存後的蘋果。製作果實酒建議使用當季新鮮的蘋果，果柄在中心，拿起來沉甸甸的較佳。

註 台灣的蘋果產期為10～2月間，盛產期為11～12月。

品嚐・風味

這款酒以享受香氣為主，建議直接喝或加入冰塊飲用。不習慣喝酒的人，兌開水或氣泡水享用也OK！

MEMO 可以把泡酒後取出的蘋果和水、砂糖、檸檬汁，煮成果醬。此外，加入糖煮，可用在蘋果派的填餡，或是為咖哩提味。

2個月後

1個星期後

當天

■ 建議容器與材料

保存容器	1.4 公升
蘋果 小的 1.5 個（大約 260 公克）	
檸檬	1/2 個
冰糖	30 公克
黑糖	10 公克
白蘭地	450 毫升

■ DATA

品嚐時間 | 約 3 個月後

成本 | 便宜　中等　較貴

風味 | 酸味

換成其他基底酒也 OK |
甲類燒酎、龍舌蘭、泡盛

效果 | 促進食慾、促進消化、預防生活習慣病、降低膽固醇、緩解疲勞、美肌、消除便秘

做法

1

盆子中裝滿溫水，放入蘋果，用海綿輕輕擦洗。切成適當大小塊狀，切掉底端和蒂頭凹陷處（保留蘋果籽）。

2

檸檬充分洗淨，瀝乾水分，切成 0.5 公分厚的圓片。

3

將蘋果、冰糖、黑糖和檸檬放入容器中，倒入白蘭地。

4

1 個月後取出檸檬片。

酪梨酒

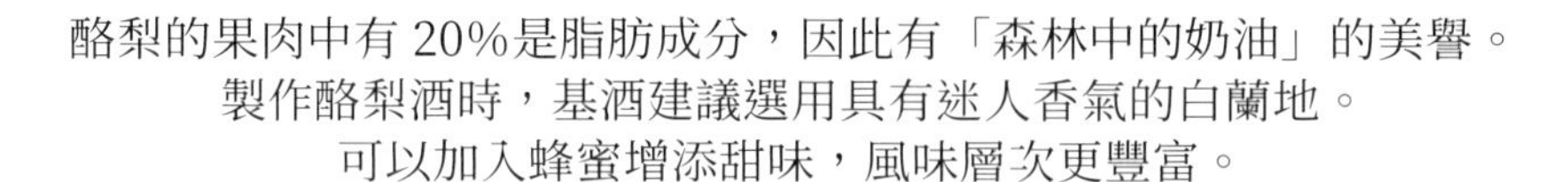

酪梨的果肉中有 20%是脂肪成分，因此有「森林中的奶油」的美譽。
製作酪梨酒時，基酒建議選用具有迷人香氣的白蘭地。
可以加入蜂蜜增添甜味，風味層次更豐富。

選擇材料・浸泡時間

由於酪梨多為進口，幾乎一整年都買得到，隨時都能買來浸泡酒類。整顆較硬的酪梨比較適合製作果實酒，果肉太軟、果蒂浮出於果皮的都太熟，應避免拿來製作酒類，以免液體易渾濁。

品嚐・風味

這裡使用白蘭地為基酒，可加入冰塊悠閒品嚐。

MEMO 酪梨在原產地（中美洲）的產季是 11 月，但在日本，即使不是當季，味道也不會有太大的改變。時常被誤會是蔬菜，其實是一種厲害的水果。

■ 建議容器與材料

保存容器	1.4 公升
酪梨	300 公克
蜂蜜	1 大匙
白蘭地	485 毫升

■ DATA

品嚐時間｜約 2 個月後

成本｜便宜　中等　較貴

風味｜微甜、微苦

換成其他基底酒也 OK｜甲類燒酎、泡盛

效果｜緩解疲勞、抗氧化、消除便秘、降低膽固醇、預防高血壓、美肌

2 個月後　1 個星期後　當天

做法

1

酪梨充分洗淨，用廚房紙巾擦乾，縱切對半。

2

將酪梨（含果核）、蜂蜜放入容器中，倒入白蘭地。

3

熟成期變長，若是酒液變得渾濁，取出酪梨，用廚房紙巾過濾酒液。

柿餅酒

無霜柿餅是將澀柿用硫磺燻製，再經過乾燥而成，裡面的果肉口感如膠狀物般濃稠、綿密。整體是明亮的橘黃色，但浸泡酒類後，酒液呈琥珀色。
浸泡酒類時，在甘美濕潤的果肉中加入檸檬的酸味，更能凝聚風味。

選擇材料・浸泡時間

無霜柿餅是柿子乾的一種，所以不論什麼季節都能浸泡酒類，不過一般到12月，店面就會陳列著秋日採收後加工的產品。建議選購整顆呈深橙色的。

註 台灣的柿餅產期為9月~隔年1月間。

品嚐・風味

可加入冰塊飲用，享受不同層次的甜味。天寒時，可兌熱水飲用，對預防感冒極有助益。加入熱水後，也可隨個人喜好添加薑或蜂蜜。

■ 建議容器與材料

保存容器	800 毫升
無霜柿餅	100 公克（2 個）
檸檬（無皮）	1 片
甲類燒酎	400 毫升

■ DATA

品嚐時間｜約 2 個月後
成本｜便宜　中等　較貴
風味｜獨特的甜味
換成其他基底酒也 OK｜白蘭地、黑蘭姆酒
效果｜預防感冒、預防生活習慣病、消除便秘、預防高血壓、美肌

MEMO 相較於柿子、柿子乾，無霜柿餅的卡路里比較高，它的營養價值雖然也較高，但要注意食用量。

做法

1
在柿餅的底部切一個十字（成分較易滲入酒中）。

2
檸檬削除外皮，切下 1 片果肉。

3
將柿餅、檸檬放入容器中，倒入燒酎。

4
2 個月後取出檸檬。

2 個月後

1 個星期後

當天

奇異果酒

原產地在中國，20 世紀時傳至紐西蘭，成為當地的特產。
富含對緩解疲勞、美肌有效的維生素 C。
連皮一起浸泡酒類，皮的營養成分釋出，風味更明顯。

■ 建議容器與材料

保存容器	1.4 公升
奇異果	小的 4 個（300 公克）
冰糖	30 公克
甲類燒酎	470 毫升

■ DATA

品嚐時間｜約 4 個月後

成本｜（便宜　中等　較貴）

風味｜明顯的酸味、甜味

換成其他基底酒也 OK｜
琴酒、伏特加

效果｜改善失眠、抗氧化、緩解疲勞、預防動脈硬化、消除便秘、放鬆身心、預防高血壓、美肌

選擇材料・浸泡時間

近年來，日本產的奇異果量漸增，11～翌年 5 月市面上都能見到。非產季時期則四處可見進口商品，幾乎四季都能浸泡酒類。可選擇快完全成熟前，還有點硬的奇異果，以免浸泡過程中產生雜味。

品嚐・風味

可以加冰塊或氣泡水飲用。

MEMO 奇異果含有豐富的維生素 C、鉀，有助於預防動脈硬化、高血壓或感冒。

5 個月後

當天

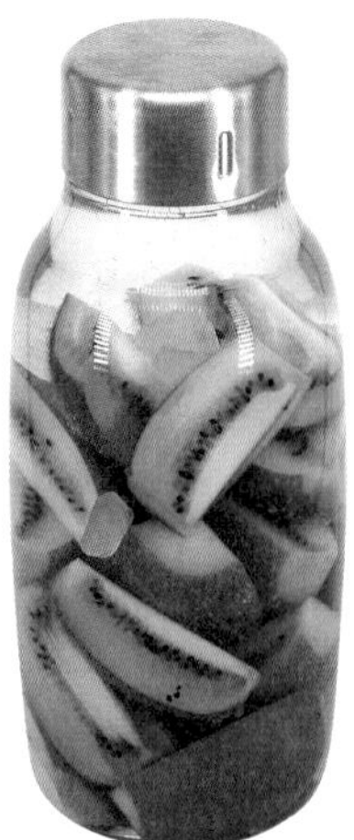

做法

1

將奇異果充分清洗，擦乾水分。切掉頂端、底端，再縱切成 8 等分。

2

將奇異果、冰糖放入容器中，倒入燒酎。

葡萄柚酒

說到葡萄柚酒，是能充分品嚐酸爽滋味與清香的果實酒。
黃色葡萄柚微苦，不喜歡酸味的人，可以選擇比較甜的紅寶石（果肉呈粉紅色）品種浸泡酒類。完成的酒液呈美麗的黃紅色。

選擇材料・浸泡時間

目前流通於日本的葡萄柚多為美國產，一整年都能買到，所以隨時都能浸泡酒類。可選擇外觀圓且勻稱，拿起來沉甸甸的較佳。

註 台灣葡萄柚的產期為10～12月。

品嚐・風味

雖然很適合加冰塊飲用，但也推薦加入無糖冰紅茶，再依個人喜好加入糖漿。

MEMO 葡萄柚富含維生素C，可抗憂鬱、加強美白效果。此外，也含有能抑制食慾、燃燒中性脂肪的香氣成分。

■ 建議容器與材料

保存容器	1.4公升
葡萄柚（上圖為紅寶石品種）	300公克（1個）
冰糖	30公克
甲類燒酎	470毫升

■ DATA

品嚐時間｜約2個月後
成本｜便宜　中等　較貴
風味｜酸味
換成其他基底酒也OK｜琴酒
效果｜緩解疲勞、燃燒脂肪、放鬆身心、改善失眠、抗氧化、美肌

做法

1
葡萄柚浸泡在溫水中清洗，撈起瀝乾，再用廚房紙巾擦乾。

2
頂端、底端各切掉0.5公分厚，沿著葡萄柚邊緣，用刀子削掉外皮，果肉橫切成2公分厚的圓片。

3
將葡萄柚、冰糖放入容器中，倒入燒酎。

4
2個月後取出葡萄柚。戴上塑膠手套，將果肉擰出汁液後過濾，更能品嚐到果汁風味。

咖啡酒

咖啡豆本就是果實。咖啡酒和果實酒一樣，都適合以帶酸味的豆子製作。
可以將買來的咖啡豆直接放入酒中浸泡，不過，咖啡豆若能先放入鍋中輕輕乾炒過，
更能散發出連咖啡愛好者都難以抵擋的香氣。

選擇材料・浸泡時間

帶有酸味的咖啡豆比較適合浸泡酒類。像是具有明顯酸度的夏威夷可娜豆之外，吉力馬札羅、藍山、哥倫比亞豆等都很推薦。只要備妥咖啡豆，任何時間都能浸泡。

註 台灣咖啡豆的產季從12月～隔年5月。

品嚐・風味

推薦加入牛奶、糖漿、肉桂粉等的雞尾酒式飲用法。此外，也可以覆蓋上一球香草冰淇淋，完成一杯阿法奇朵冰淇淋咖啡（Affogato al Caffè），在飯後充分享受甜點的美味。

MEMO 也可以將咖啡豆磨成粉後浸泡酒類。如果是用咖啡粉，不須乾炒，直接加入酒類浸泡即可。

2個月後

1個星期後

當天

■ 建議容器與材料

保存容器	1公升
咖啡豆	80公克
甲類燒酎	720毫升

■ DATA

品嚐時間｜約3個月後
成本｜便宜　中等　較貴
風味｜些許甘甜
換成其他基底酒也OK｜伏特加
效果｜緩解疲勞、放鬆身心、降低血糖、抗氧化、美肌、覺醒作用、提升專注力

做法

1

將咖啡豆倒入平底鍋中，開大火，一邊搖晃鍋子，一邊乾炒咖啡豆，但要注意避免炒焦。直到散發出香氣熄火，咖啡豆倒入鐵盤中。

2

等咖啡豆冷卻後放入容器中，倒入燒酎。注意浸泡的第1個月內不可打開蓋子，以免香氣散失。

※可使用漏斗將咖啡豆倒入容器，避免咖啡豆撒出來。

杏桃乾酒

無論是杏桃或英文「Apricot」，大家都不陌生。
製作果實酒時可充分利用杏桃本身的甜味，不用加糖。
浸泡在具有微甜和香氣的透明燒酎中，成品呈現出閃耀的亮橘色。

選擇材料・浸泡時間

浸泡果實酒時，應使用不添加糖、染色劑、防腐劑等的食材。由於是以果乾為材料，新鮮度更加重要，所以盡可能選擇賞味期限較長的。

品嚐・風味

直接飲用或加冰塊皆可。喜歡甜味的人，還可以加入蜂蜜。兌氣泡水也很不錯。

■ 建議容器與材料

保存容器	500 毫升
杏桃乾	100 公克
甲類燒酎	400 毫升

■ DATA

品嚐時間｜約 2 個月後

成本｜便宜　中等　較貴

風味｜恰到好處的甜味中帶些許辛辣

換成其他基底酒也 OK｜白蘭地

效果｜止咳效果、去痰、抗氧化、消除便秘、預防高血壓、緩解手腳冰冷、促進食慾、美肌

MEMO 杏桃的種子叫作杏仁，用於鎮咳、去痰。杏桃乾則凝縮了磷、鐵等礦物質和維生素 A 等營養素。

做法

1

杏桃乾切對半。

2

將杏桃乾放入容器中，倒入燒酎。

2 個月後

1 個星期後

當天

無花果乾酒

這裡使用了風味釋出較快的無花果乾搭配龍舌蘭，
所以約浸泡 1 個月便能飲用。即使沒有加糖類，也能確實品嚐到明顯的甜味。
由於龍舌蘭的酒精成分約 40%，特別推薦給喜歡飲酒的人。

選擇材料・浸泡時間

請選用無添加物的無花果乾，並確認賞味期限與新鮮度。屬於任何時間都能製作的果實酒。

品嚐・風味

無花果乾並不會滲出水分，因此成品酒的酒精成分不會下降。酒精成分高，適合喜歡加入冰塊，一點點慢慢品嚐的人。

MEMO 無花果乾經過乾燥加工，因此碳水化合物、鈣和鉀等含量增加。不過，熱量也增加，飲用時要斟酌分量。

■ 建議容器與材料

保存容器	800 毫升
無花果乾	100 公克
龍舌蘭	400 毫升

■ DATA

品嚐時間｜約 1 個月後

成本｜便宜　中等　較貴

風味｜強烈的酒精味、明顯的甜味

換成其他基底酒也 OK｜黑蘭姆酒

效果｜消除便秘、預防腹瀉、抗氧化、預防高血壓、預防貧血、美肌

1 個月後

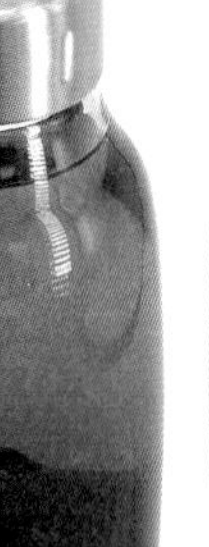

1 個星期後

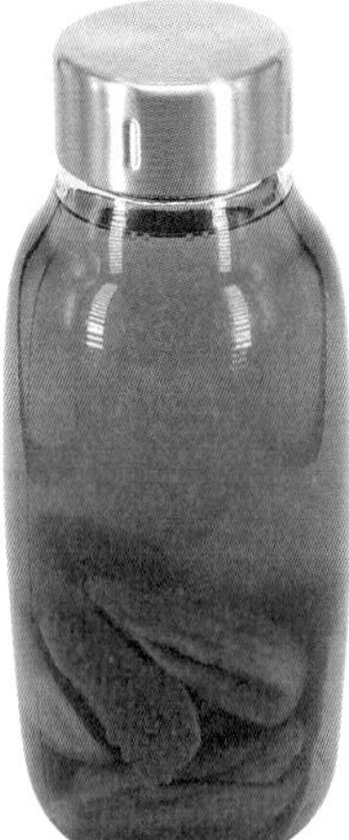

當天

做法

1

無花果乾切對半。

2

將無花果乾放入容器中，倒入龍舌蘭。

蔓越莓乾酒

蔓越莓本身的糖度低，即便經過乾燥處理後也沒有甜味，
因此以燒酎浸泡時，可添加蜂蜜，提升甜味與風味層次。
酒液呈鮮艷明亮的紅色，視覺上相當吸睛。

■ 建議容器與材料

保存容器	500 毫升
蔓越莓乾	80 公克
檸檬	1/3 個
蜂蜜	1 大匙
甲類燒酎	370 毫升

■ DATA

品嚐時間｜約 2 個月後

成本｜便宜　中等　較貴

風味｜明顯的甜味和酸味

換成其他基底酒也 OK｜白蘭地、黑蘭姆酒

效果｜緩解疲勞、舒緩眼睛疲勞、抗氧化、消除便秘、抗發炎、降低膽固醇、舒緩水腫、美肌

選擇材料・浸泡時間

一年四季皆可浸泡。市面上販售的蔓越莓乾大多已加入砂糖，選購時要避免購入添加染色劑、防腐劑的商品。

品嚐・風味

加入冰茶，更能凸顯清爽的滋味。淋入優格，就是一道成人風味甜點。還可加入啤酒，簡單完成水果風味的啤酒。

MEMO 蔓越莓所含的原花青素成分（PACs），能抑制幽門螺旋菌黏附在胃黏膜上，防止細菌附著於膀胱黏膜，具有預防胃潰瘍和膀胱炎的效果。

做法

1

以刀削除檸檬的外皮，果肉切成 1 公分厚的圓片。

2

將蔓越莓乾放入容器中，倒入檸檬、蜂蜜和燒酎。

3

1 個月後取出檸檬。

2 個月後

1 個星期後

當天

洋李乾酒

洋李富含可預防貧血的鐵等礦物質，以及食物纖維。
經過加工處理成洋李乾後，這些礦物質和食物纖維的含量能提高好幾倍。
放入酒中浸泡不加糖類，即可控制熱量，女性飲用的話，有許多優點。

選擇材料・浸泡時間

洋李乾的自然甘甜與色澤會充分溶於酒中，所以請選擇未添加砂糖、染色劑的商品。此外，隨時都買得到洋李乾，任何時候想製作洋李酒都可以。

品嚐・風味

除了冰塊，也可以加入冰茶飲用。此外，感覺有點貧血時，也可以試試加入無咖啡因的紅茶。

MEMO 對於 40 歲以上的女性而言，經過乾燥處理的洋李乾是可以積極食用的食材之一。除了與抗老化相關的抗氧化作用，還具有強化骨質的效果，更能有效防止停經後婦女的骨密度下降。

■ 建議容器與材料

保存容器	800 毫升
洋李乾（加州梅乾）	130 公克
檸檬	1/3 個
甲類燒酎	340 毫升

■ DATA

品嚐時間｜約 2 個月後

成本｜便宜　中等　較貴

風味｜絕佳的酸甜平衡

換成其他基底酒也 OK｜白蘭地、白蘭姆酒

效果｜預防貧血、抗氧化、抗菌作用、緩解疲勞、舒緩眼睛疲勞、預防高血壓、消除便秘、美肌

2 個月後

1 個星期後

當天

做法

1

以刀削除檸檬的外皮，果肉切成 1 公分厚的圓片。

2

將洋李乾放入容器中，放入檸檬，倒入燒酎。

3

1 個月後取出檸檬。

芒果乾酒

相較於「芒果酒」（參照 p.38），芒果乾酒的甜味與香氣更加濃郁。
將酒精成分約 40%的威士忌，
搭配幾乎不含水分的芒果乾，大概浸泡 3 天便能飲用了。

選擇材料・浸泡時間

芒果乾一整年都能買到，所以不管何時都能製作。建議選購無添加且賞味期限充裕的商品。

品嚐・風味

如果使用60公克芒果乾浸泡，可加冰塊飲用。若想兌氣泡水喝的話，芒果乾量要增加到100公克，能品嚐到濃醇滋味。在玻璃杯中倒入酒，再加入芒果乾，更顯華麗。

■ 建議容器與材料

保存容器	800 毫升
芒果乾	60 ～ 100 公克
威士忌	440 毫升

■ DATA

品嚐時間｜約 3 天後
成本｜便宜　中等　較貴
風味｜強烈的甜味
換成其他基底酒也 OK｜龍舌蘭
效果｜預防夏日倦怠、預防貧血、預防血栓形成、預防高血壓、抗氧化、美肌

MEMO 也可以將切細條的芒果乾直接加入市售的罐裝、瓶裝威士忌中浸泡。

1 個月後　1 個星期後　當天

做法

1
芒果乾切成 0.5 公分寬的細條。

2
將芒果乾放入容器中，倒入威士忌。

鳳梨酒

擁有香氣、甜味與酸味絕佳平衡的鳳梨，是最適合製作果實酒的水果。
加入了皮浸泡產生的澀味，與果肉的甜相融合，散發出深層的風味。
基酒使用了威士忌，口感更顯醇厚。

■ 建議容器與材料

保存容器	1 公升
鳳梨	淨重 260 公克 （若有皮的話 3 ～ 4 片）
威士忌	480 毫升

■ DATA

品嚐時間｜約 3 個星期後

成本｜便宜　中等　較貴

風味｜酸味、甜味

換成其他基底酒也 OK｜
白蘭地、琴酒、伏特加

效果｜緩解疲勞、增進消化吸收、消除便秘、預防生活習慣病、美肌

選擇材料・浸泡時間

進口鳳梨四季都能買到。建議選購鳳梨底部完整、葉子沒有枯萎，以及皮稍微軟、散發出香氣的。

註 台灣一年四季皆可以買到鳳梨。

品嚐・風味

加入冰塊，入口時最能感受到甘甜與香氣。鳳梨酒因甜味明顯，只要兌氣泡水，即使不擅長喝酒的人，也能開心品嚐。

MEMO 鳳梨含有鳳梨酵素（Bromelain）這種蛋白質分解酵素。只要在肉料理中加入些許鳳梨酒，肉的口感會變嫩。日本產的鳳梨產季在 4 ～ 7 月。

3 個星期後

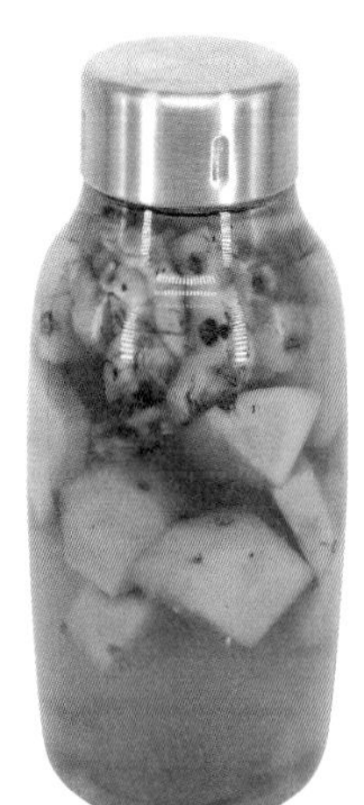

1 個星期後

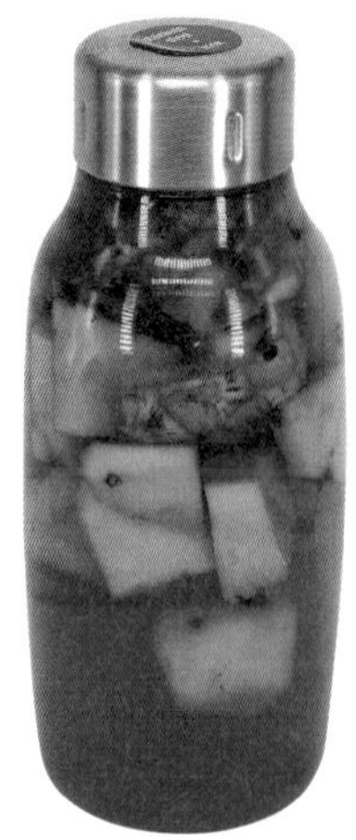

當天

做法

1

鳳梨皮充分洗淨，用廚房紙巾擦乾，切成一口大小的塊狀。

2

將鳳梨放入容器中，倒入威士忌。

香蕉酒

新鮮香蕉散發濃郁的甜味，不過浸泡酒類後，卻具有明顯的酸味。
為了使這種酸味趨向柔和，特別在熟成的黑蘭姆酒中加入大量黑糖，
以提升甜味，使風味更有層次變化。

選擇材料・浸泡時間

日本有九成以上的香蕉來自菲律賓，整年進口穩定。製作香蕉酒時，可以選比較硬的香蕉，皮的顏色有點青綠的。

註 台灣一年四季皆可買到香蕉。

品嚐・風味

甘甜芬芳的香蕉酒很適合加入牛奶、豆漿飲用，直接喝或加入冰塊也是不錯的選擇。

MEMO 香蕉除了含有鉀、食物纖維、多酚氧化酵素（Polyphenol Oxidase），更富含可以安定神經的血清素（Serotonin）等營養。而且可以即時補充能量，受到馬拉松等劇烈運動者的喜愛。

■ 建議容器與材料

保存容器	1 公升
香蕉	270 公克（大約 2 根）
黑糖	100 公克
黑蘭姆酒	450 毫升

■ DATA

品嚐時間｜約 2 個月後

成本｜便宜　中等　較貴

風味｜香蕉的甜味與酸味

換成其他基底酒也 OK｜白蘭地、龍舌蘭

效果｜緩解疲勞、舒緩水腫、消除便秘、預防高血壓、安定神經

4 個月後

當天

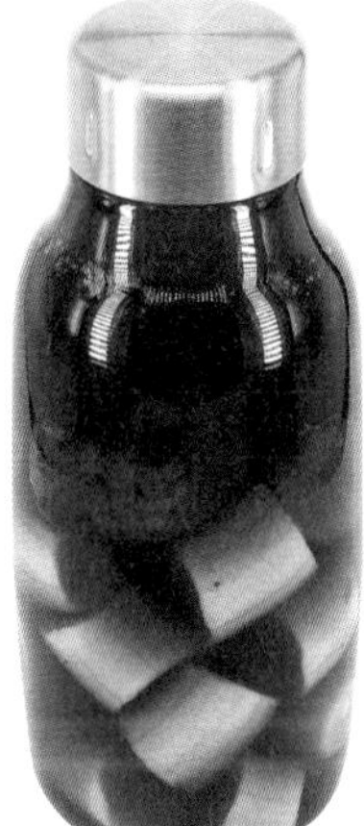

做法

1

香蕉剝皮，果肉切 2 公分寬的圓厚片。

2

將香蕉和黑糖放入容器中，倒入黑蘭姆酒。

柿子乾酒

柿子乾是以澀柿製成。澀柿的糖度是甜柿的 3 ～ 4 倍，
經過曬乾後脫澀，呈現自然的乾甜味。以燒酎為基酒，
充分利用柿子乾的甜味，所以不須加糖浸泡。

■ 建議容器與材料

保存容器	800 毫升
柿子乾	140 公克
甲類燒酎	360 毫升

■ DATA

品嚐時間｜約 2 個月後

成本｜便宜　中等　較貴

風味｜濃郁的甜味

換成其他基底酒也 OK｜白蘭地、黑蘭姆酒

效果｜預防感冒、預防生活習慣病、消除便秘、預防高血壓、美肌

選擇材料・浸泡時間

表面無皺摺，整體均勻沾裹著白粉，表示甜度高。建議購買這種優質的柿子乾浸泡酒類。

註 台灣的柿餅產期為9月～隔年1月間。

品嚐・風味

因為具有明顯的甜味，建議加入熱水或氣泡水飲用。

MEMO 在日本，柿子乾從平安時代（794 ～ 1185 年）就已經存在了，並且在〈延喜式〉這部條文律令中，記載著是當作祭祀的點心。

當天

1 個星期後

2 個月後

做法

1

柿子乾縱切對半。

2

將柿子乾放入容器中，倒入燒酎。

萊姆酒

說到與雞尾酒最搭配的水果，莫過於萊姆。
這裡是以和柑橘絕配的琴酒為基酒，完成具有雞尾酒氛圍的果實酒。
鮮明的香氣，是炎夏季節最想暢飲的酒類。

選擇材料・浸泡時間

比檸檬的酸味溫和，卻具有更強烈的香氣。浸泡酒類時，可以選擇香氣明顯的。日本產萊姆的產季是10～11月，進口萊姆則一整年都買得到，所以任何時間都能製作萊姆酒。

品嚐・風味

可兌入啤酒或發泡酒（麥芽比例小於67%）調成萊姆啤酒，當作餐中酒享用。此外，萊姆啤酒一般不加入冰塊，直接飲用。

MEMO 萊姆完全成熟後會變成黃色，不過酸味會降低，建議直接使用綠色萊姆浸泡酒類。

■ 建議容器與材料

保存容器	1.4 公升
萊姆	270 公克（大約 4 個）
萊姆皮	10 公克（1.5 個分量）
冰糖	30 公克
琴酒	500 毫升

■ DATA

品嚐時間｜約 1 個月後
成本｜便宜　中等　較貴
風味｜微甜、酸味
換成其他基底酒也 OK｜
龍舌蘭、伏特加、甲類燒酎
效果｜緩解疲勞、滋養強壯、抗氧化、整腸作用、美肌、舒緩眼睛疲勞

2 個月後

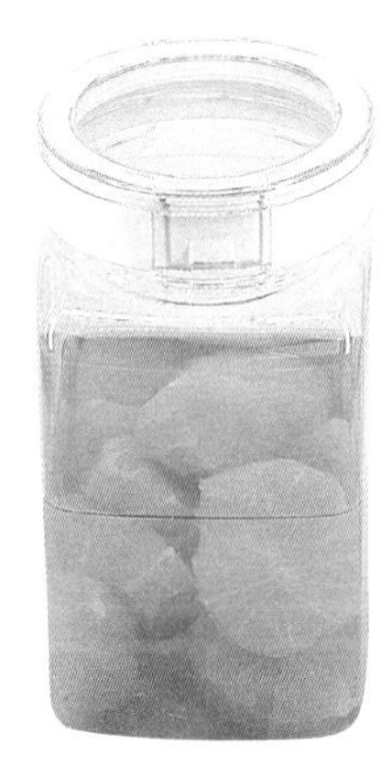

1 個星期後

當天

做法

1

萊姆洗淨，以刀削除外皮，果肉橫切成兩半。皮白色的部分盡可能切掉。

2

將果肉、皮和冰糖放入容器中，倒入琴酒。

3

2 個星期後取出皮，2 個月後取出果肉。

冷凍綜合莓果酒

莓果類經過冷凍，組織較易破壞，能更快釋出精華。
製作這類果實酒時，不需清洗、解凍，直接浸泡酒類即可。
浸泡約 2 ～ 3 個小時即可飲用，能在家中突然有訪客時派上用場。

■ 建議容器與材料

保存容器　1 公升
冷凍綜合莓果　300 公克
（樹莓、黑莓、酸櫻桃和草莓）
日本酒（酒精成分 20%以上）
500 毫升

■ DATA

品嚐時間｜當天
成本｜便宜　中等　較貴
風味｜微甜
換成其他基底酒也 OK ｜
燒酎（20 ～ 25%）
效果｜緩解疲勞、舒緩眼睛疲勞、抗氧化、預防高血壓、補充能量、舒緩壓力、美肌

選擇材料・浸泡時間

用隨時可在超商或超市買到的莓果類製作的話，風味比較淡，建議購買味道較濃郁的。

品嚐・風味

利用天然甜味以減少糖的用量，所以加冰塊飲用，會比兌入氣泡水、熱水來得適合。由於無法長期保存，建議2個月內盡快喝完，並請放入冷藏庫保存。

MEMO 浸泡酒類後取出的莓果，可以和小松菜、冰、水用食物處理機攪打，做成雞尾酒果昔；或者和砂糖、水一起熬煮成綜合莓果醬。

1 個月後

1 個星期後

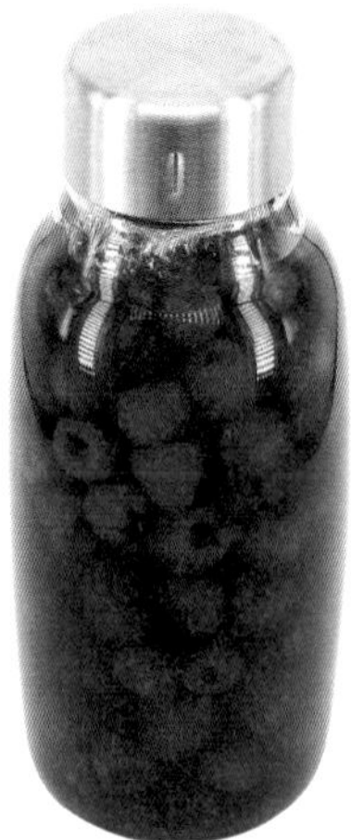

當天

做法

1

莓果不需解凍，直接放入容器中，倒入日本酒。

冷凍荔枝酒

荔枝因為是楊貴妃最愛的水果而廣為人知。
如果僅用果肉浸泡酒類會太甜，所以加入少許皮，更能凸顯風味。
荔枝酒的顏色宛若紅寶石，呈現出美麗色澤。

選擇材料・浸泡時間

市面上很難買到新鮮的荔枝，但冷凍荔枝幾乎整年都能買到。建議選擇皮呈鮮艷紅色、沒有黑點的冷凍荔枝。

品嚐・風味

直接喝或加入冰塊飲用，享受熱帶水果的滋味。

MEMO 荔枝是未成熟的水果，飲用過量的話，會長青春痘或是流鼻血。此外，甜味酒易入口，更要注意飲用量。

■ 建議容器與材料

保存容器	1 公升
冷凍荔枝	300 公克
冷凍荔枝皮	20 公克
伏特加	500 毫升

■ DATA

品嚐時間｜約 2 個月後
成本｜便宜　中等　較貴
風味｜甜味
換成其他基底酒也 OK｜龍舌蘭、甲類燒酎
效果｜促進新陳代謝、預防貧血、振奮精神、抗氧化、預防動脈硬化、改善失眠

2 個月後

1 個星期後

當天

做法

1

取出冷凍荔枝自然解凍，表皮用些許伏特加噴灑消毒後，用廚房紙巾擦拭。

2

剝掉荔枝皮，將皮和果肉分開。

3

將果肉、皮放入容器中，倒入伏特加。

檸檬蜂巢蜜酒

蜂巢蜜是指每個蜂巢中可食用的蜂蜜。
蜂巢蜜的醇馥甜味與檸檬的酸味融合，更能享受濃厚的甜酸。
這裡使用的基酒，是和柑橘極搭配的琴酒。

建議容器與材料

保存容器	1.4 公升
檸檬	大的 2.5 個（200 公克）
蜂巢蜜	65 公克
琴酒	650 毫升

DATA

品嚐時間｜約 3 個月後

成本｜便宜　中等　較貴

風味｜甜味與酸味

換成其他基底酒也 OK｜龍舌蘭、甲類燒酎

效果｜緩解疲勞、抗氧化、抗菌作用、預防高血壓、促進老廢物質排出、美肌

選擇材料・浸泡時間

日本檸檬的產季是10～12月，進口檸檬則整年都能買到。建議選擇果皮具光澤和光滑，顏色濃淡均一的。

註 台灣檸檬全年皆有生產，盛產期為6～8月。蜂巢蜜則需跟蜂農購買，市面上較為少見。

品嚐・風味

炎熱的夏季可以加入氣泡水飲用，身心倍感舒爽，有助於預防夏日倦怠。也可以將檸檬蜂巢蜜酒和橄欖油混合，調成清爽風味的醬汁，或用在嫩煎雞肉等料理。

MEMO 相較於一般蜂蜜，蜂巢蜜的鮮度、風味和營養價值都屬於優質。此外，它具有強烈的殺菌作用，並且能預防感冒。

3 個星期後

1 個星期後

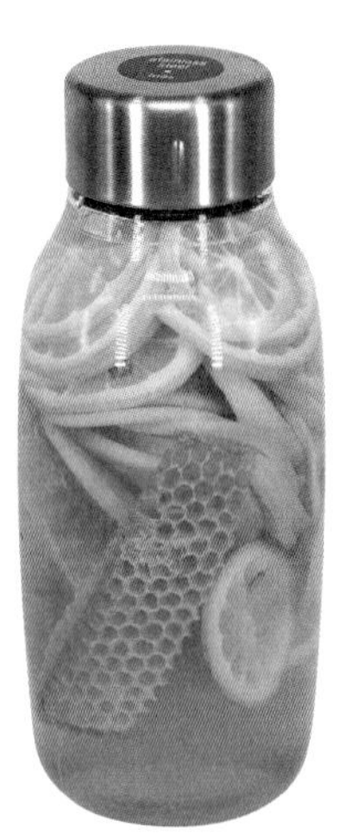

當天

做法

1

將蜂巢蜜切成適當的大小。

2

檸檬充分洗淨，用廚房紙巾擦乾，橫切成 0.5 公分厚的圓片。

3

將蜂巢蜜、檸檬放入容器中，倒入琴酒。

4

1 個月內取出檸檬。如果忘記取出的話會釋出苦味，要特別留意。

綜合水果酒

只要購買超市或超商的切片、切塊水果，就能製作這款水果酒。
綜合水果酒不僅色澤鮮艷。而且當天做好就能飲用，很適合家庭聚會。
這幾年，水果酒也很常出現在結婚宴會中。

選擇材料・浸泡時間

雖然用現成的水果就能製作，但建議選擇快要成熟，仍有一點點硬的水果為佳，以免成熟水果在浸泡酒類的過程中，易釋出雜味。配方中使用了350公克水果，若想減量至200公克也無妨。

品嚐・風味

除了基本的冰塊、氣泡水，也可以兌入無糖紅茶飲用。融合了多種水果的精華風味，可以慢慢品嚐。

MEMO 若都選用當季水果的話，風味更能融合。此外，像芒果、木瓜、洋李這類水果，因為風味較濃厚，建議要控制分量。

■ 建議容器與材料

保存容器	1.4 公升
多種喜愛的水果	350 公克

※ 這裡使用草莓（淨重）80 公克、鳳梨 100 公克、奇異果（淨重）50 公克、柳橙（連皮）100 公克、藍莓 20 公克

威士忌	450 毫升

■ DATA

品嚐時間｜ 當天
成本｜ 便宜　中等　較貴
風味｜ 水果的甜味
換成其他基底酒也 OK ｜ 白蘭地、伏特加
效果｜ 緩解疲勞、舒緩眼睛疲勞、振奮精神、抗氧、美肌

1個月後

1個星期後

當天

做法

1

將切片水果放入容器中，倒入威士忌。

2

如果選用柑橘類水果，別忘了浸泡後要取出，像帶皮檸檬最長 1 個月要取出，無皮檸檬則最長 2 個月要取出。其他水果最長 3 個月必須取出。

Column

關於果實的營養

日本人一到 6 月，就會開始醃漬梅酒、鹹梅子，或是藉由日曬保存橘子皮或香橙皮，自古以來，便有長期保存果實的習慣。在距今約 50 年前，大多數家庭也都備有手作鹹梅子或梅酒的瓶子，然而現今社會中，往往因為生活忙碌而容易忘記攝取水果。日本農林水產省（類似我們的農委會）曾推動「每天 200 公克水果運動」，也就是建議每個人每天都要食用 200 克水果。而台灣衛生福利部國民健康署更倡導「天天五蔬果」，是指每天至少要吃三份蔬菜與兩份水果，蔬菜一份大約是煮熟後半個飯碗的量；水果一份相當於一個拳頭大小。

果實不僅含有各式各樣的維生素，更富含可維持身體健康的礦物質、食物纖維等營養素。舉例來說，橘子含有維生素 C、維生素 E、鉀和食物纖維等，冬天時，建議每天要攝食約 2 個（200 公克）橘子。

此外，果實雖然甜，卻並非高卡路里。我們之所以感受到果實的強烈甜味，是因為果糖。果糖的甜度是砂糖的 1.15 ～ 1.73 倍，但 1 公克熱量是 4 大卡，和其他糖並無不同。由於果實幾乎不含脂質，每 100 公克的熱量約 50 大卡，這大約是相同重量的水果鮮奶油蛋糕熱量的 15%。製作果實酒時，假若果實本身的糖度較高，可以減少配方中的冰糖量，等到飲用時，再添加糖漿或蜂蜜調整口味即可。

第2章

蔬菜酒

青紫蘇酒

青紫蘇具有藥效，自古以來即被視為珍貴的佐料蔬菜。
β胡蘿蔔素與鈣的豐富含量絕對是蔬菜類中的頂尖，維生素類和
礦物質類也同樣豐富。浸泡酒類後散發的清爽香氣，有助於放鬆身心。

■ 建議容器與材料

保存容器	1.4 公升
青紫蘇	25 公克
（約 50 片）～50 公克（約 100 片）	
檸檬	1 個
冰糖	30 公克
甲類燒酎	645 毫升

■ DATA

品嚐時間｜約 4 個月後
成本｜便宜 中等 較貴
風味｜清爽的甘甜
換成其他基底酒也 OK｜琴酒
效果｜解熱、抗菌、防腐、抗氧化、美肌、安定神經

選擇材料・浸泡時間

雖然全年都買得到，但6～10月左右才是產季。建議選擇呈鮮艷綠色，剛採摘的新鮮葉片浸泡，別買到葉片變色的。

註 台灣青紫蘇產季為每年4～10月。

品嚐・風味

青紫蘇和檸檬的清爽氣味，與微苦的啤酒十分搭配。也可以在威士忌中加入青紫蘇酒、氣泡水混合，調成雞尾酒享用。

MEMO 可將浸泡後取出的青紫蘇切細碎，混入雞肉丸餡、水餃餡、佐料調味醬，或是用來醃漬食材、提升風味。

做法

1

盆子中裝滿水，放入青紫蘇充分洗淨，將水分瀝乾（使用多層網的話，水分可充分瀝乾）。

2

以刀削除檸檬皮，白色部分盡可能切除，果肉橫切約1公分厚的圓片。

3

將青紫蘇、檸檬和冰糖放入容器中，倒入燒酎。

4

1個月後取出檸檬，4個月後取出青紫蘇。

4 個月後

1 個星期後

當天

青辣椒酒

青辣椒味道的主要來源是辣椒素（Capsaicin），
具有讓身體溫暖等多種營養功能的成分。
青辣椒酒中的辣味是濃縮的精華，可加入更多燒酎來延長品嚐時間。

建議容器與材料

保存容器	1 公升
青辣椒	150 公克
甲類燒酎	650 毫升

DATA

品嚐時間｜約 3 天後（3 天後辣味強烈）

成本｜便宜　中等　較貴

風味｜強烈的辣味

換成其他基底酒也 OK｜伏特加、琴酒

效果｜促進血液循環、降低膽固醇、促進食慾、美肌、抗氧化、緩解疲勞、舒緩水腫

選擇材料・浸泡時間

日本產的青辣椒產季在7～9月。建議選擇外表光滑、具有光澤，顏色鮮艷，並且辣味明顯的青辣椒。

註 這裡使用的是未轉成紅色的辣椒。台灣的辣椒全年生產，12～6月是盛產期。

品嚐・風味

浸泡酒類後第3天，就能用在辣味調味，尤其可為異國風（例如東南亞、非洲和中南美料理）熱炒料理和湯品提味，也可添加於義大利麵等料理中。由於辣度高，想飲用的話，僅可加幾滴於啤酒或果實酒中。

MEMO 青辣椒若不採收，放至完全成熟就是紅辣椒。未成熟的青辣椒富含維生素 C 和胡蘿蔔素。

當天

做法

1

青辣椒充分洗淨，用廚房紙巾擦乾。

2

將青辣椒放入容器中，倒入燒酎。

紅紫蘇梅酒

閃耀亮麗赤紅色澤的紅紫蘇酒，越熟成味道越加濃郁。
這裡將同樣具有強烈香氣的紅紫蘇和青梅搭配，
更能品嚐到加倍的風味。

■ 建議容器與材料

保存容器	1.4 公升
紅紫蘇	200 公克（大約 2/3 袋）
青梅	3 個（大約 70 公克）
冰糖	70 公克
蜂蜜	1 大匙
甲類燒酎	600 毫升

■ DATA

品嚐時間｜約 3 個月後

成本｜便宜　中等　較貴

風味｜明顯的甜味

換成其他基底酒也 OK｜伏特加、琴酒

效果｜解熱作用、抗菌作用、防腐作用、抗氧化、美肌、安定神經

做法

1

摘下紅紫蘇葉片，放入裝滿水的盆子中，一片一片洗淨，再用廚房紙巾擦乾。

2

將紅紫蘇葉放在陽光下曬約 3 天，將葉子曬乾（曬乾後約 20 公克）。

3

青梅充分洗淨，用廚房紙巾擦乾，用竹籤挑除蒂頭。

4

將青梅、紅紫蘇、冰糖和蜂蜜放入容器中，倒入燒酎。

5

3 個月後取出紅紫蘇。

選擇材料・浸泡時間

紅紫蘇的產季是6~8月，但6月的產量最大。建議選擇葉片起皺、水嫩新鮮的為佳。

註 台灣紅紫蘇全年皆產，4~10月為盛產期。

品嚐・風味

不管是兌開水或氣泡水，都能感受到紅紫蘇的香氣與優美色澤。也可以在威士忌中加入紅紫蘇梅酒、氣泡水混合，調成雞尾酒享用。

MEMO 紅紫蘇的紅色來源，是花青素類的紫蘇寧（Shisonin）。紫蘇寧具有優異的抗氧化功效，可有效去除引起生活習慣病的元兇：活性氧化物質。

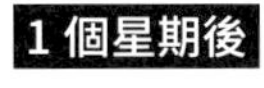

3 個月後

1 個星期後

當天

紅紫蘇檸檬酒

閃耀亮麗赤紅色澤的紅紫蘇酒，越熟成味道越加濃郁。
加入了檸檬，後味是檸檬清香感，
搭配香氣濃郁的紅紫蘇，同時享受雙重風味。

建議容器與材料

保存容器	1.4 公升
紅紫蘇	200 公克
冰糖	70 公克
蜂蜜	1 大匙
檸檬	1/2 個
甲類燒酎	630 毫升

DATA

品嚐時間｜約 3 個月後

成本｜便宜　中等　較貴

風味｜甜中帶酸

換成其他基底酒也 OK｜伏特加

效果｜解熱、抗菌及防腐作用、抗氧化、美肌、安定神經

做法

1

摘下紅紫蘇葉片，放入裝滿水的盆子中，一片一片洗淨，再用廚房紙巾擦乾。

2

將紅紫蘇葉放在陽光下曬約 3 天，讓葉子曬乾（曬乾後約 20 公克）。

3

檸檬洗淨，用廚房紙巾擦乾，切成 0.5 公分厚的圓片。

4

將紅紫蘇、檸檬、冰糖和蜂蜜放入容器中，倒入燒酎。

5

3 個月後取出紅紫蘇。

選擇材料・浸泡時間

紅紫蘇的產季是6～8月，但6月的產量最大。建議選擇葉片起皺、水嫩新鮮的為佳。

註 台灣紅紫蘇全年皆產，4～10月為盛產期。

品嚐・風味

「紅紫蘇檸檬酒」和「紅紫蘇梅酒」都能加入水、氣泡水飲用，感受紅紫蘇的香氣與優美色澤。也可以在威士忌中加入紅紫蘇檸檬酒或紅紫蘇梅酒、氣泡水，調成雞尾酒風味飲品。

MEMO 和「紅紫蘇梅酒」一樣，紅紫蘇經過曬乾後再浸泡酒類，能使風味更濃郁，越熟成口味越醇厚。

3 個月後

1 個星期後

當天

明日葉酒

明日葉含有豐富的 β- 胡蘿蔔素。
新鮮的明日葉呈綠色，浸泡酒類後呈深紫黑色。它的黏液成分中，
含有具優異抗氧化作用的查爾酮（Chalecone）這種類黃酮（Flavonoids）。

選擇材料・浸泡時間

產季是2~5月。可挑選細莖，葉片新鮮水嫩，並且光滑的明日葉浸泡酒類。

註 台灣種植的明日葉並不多，但仍可買到。全年皆可採收。

品嚐・風味

因為不含甜味，建議可與「鳳梨酒」（參照P.82）等甜味的果實酒，或是西印度櫻桃果汁等混合享用更美味。加入冰塊或水飲用也可以。

■ 建議容器與材料

保存容器	1.4 公升
明日葉	120 公克
甲類燒酎	680 毫升

■ DATA

品嚐時間｜約 1 個月後

成本｜便宜　中等　較貴

風味｜微苦

換成其他基底酒也 OK｜伏特加、白蘭地

效果｜抗氧化作用、舒緩水腫、預防貧血、緩減花粉症、抗發炎、改善失眠、緩和更年期障礙

MEMO 明日葉因「今天摘了嫩葉，明天就能冒出新芽」而得名，具有強盛的生命力。江戶時代起便拿來做為草藥。

1 個月後

做法

1

盆子中裝滿水，放入明日葉充分洗淨，用廚房紙巾擦乾，切成可放入容器中的長度。

2

將明日葉放入容器中，倒入燒酎。

3

2 個星期後取出明日葉。

蘆薈酒

蘆薈被稱為「不需要醫生的草」，多用在塗抹傷口和青春痘。
蘆薈皮的苦味成分，具有殺菌和整腸作用，而蘆薈酒的藥效也很受期待。

建議容器與材料

保存容器	1.4 公升
蘆薈	150 ～ 300 公克
甲類燒酎	650 毫升

DATA

品嚐時間｜約 5 個月後

成本｜便宜　中等　較貴

風味｜苦味

換成其他基底酒也 OK｜白蘭地、伏特加

效果｜消除便秘、緩解手腳冰冷、預防感冒、美肌、修護皮膚、舒緩口內炎

選擇材料・浸泡時間

食用蘆薈的產季是6～11月。可選擇深綠色、肉厚，觸摸有彈性的蘆薈浸泡酒類。

註 台灣盛產期也是6～11月。

品嚐・風味

若當成藥酒，可直接飲用約20毫升。兌入薑汁汽水品嚐，風味強烈。如果不喜歡苦味，可加入果汁或蜂蜜，更能輕鬆入口。

MEMO 以蜂蜜糖漬蘆薈肉，冰涼後淋上醬油，可當作蘆薈生魚片享用。

做法

1

清洗蘆薈，小心不要被葉緣的小鋸齒刺到。用廚房紙巾擦乾，切成可放入容器中的長度。

2

將蘆薈放入容器中，倒入燒酎。

5 個月後

1 個星期後

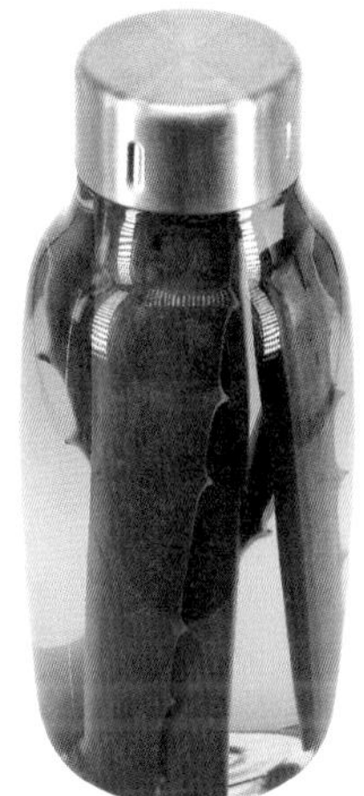

當天

山苦瓜酒

加入鳳梨與蜂蜜，可以中和山苦瓜特有的苦味，使甜味提升。
山苦瓜苦味來源的苦瓜鹼成分，可刺激腸胃，促進食慾。
此外，它富含可緩解疲勞的維生素 C，還能完全趕走惱人的夏日倦怠感。

選擇材料・浸泡時間

產季是7～8月。可選擇外觀長有粗大光澤的瘤狀凸起顆粒，沒有被壓傷，並且呈鮮豔的綠色，不會過熟，籽沒有變紅的來浸泡酒類。

註 台灣山苦瓜的產季為4～8月。

品嚐・風味

與氣泡水是絕配。不喜歡苦味的人，飲用時可加入糖漿等增加甜味。此外，也可以兌葡萄柚汁品嚐。

MEMO 苦瓜的瓤可以食用。瓤的維生素 C 含量是果肉的 1.7 倍，烹調時，建議連瓤一起烹煮。

建議容器與材料

保存容器	800 毫升
山苦瓜	200 公克（中型 1 條）
切片鳳梨	70 公克
蜂蜜	1 大匙
甲類燒酎	500 毫升

DATA

品嚐時間｜約 2 個月後
成本｜（便宜　中等・較貴）
風味｜強烈的苦味中帶柔和的甘甜
換成其他基底酒也 OK ｜泡盛、伏特加
效果｜促進食慾、預防夏日倦怠、緩解疲勞、解毒作用、利尿、美肌

2 個月後

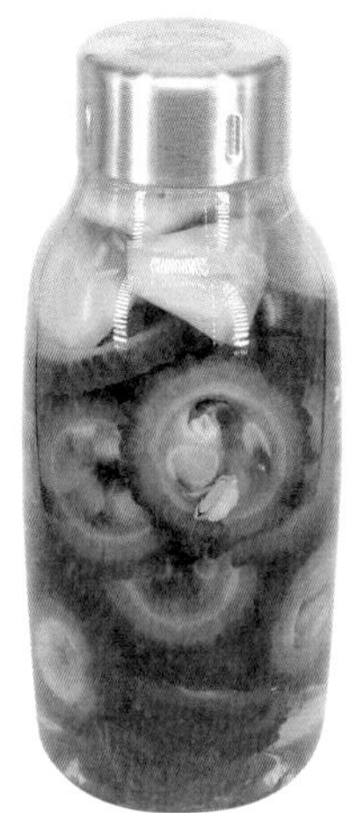

1 個星期後

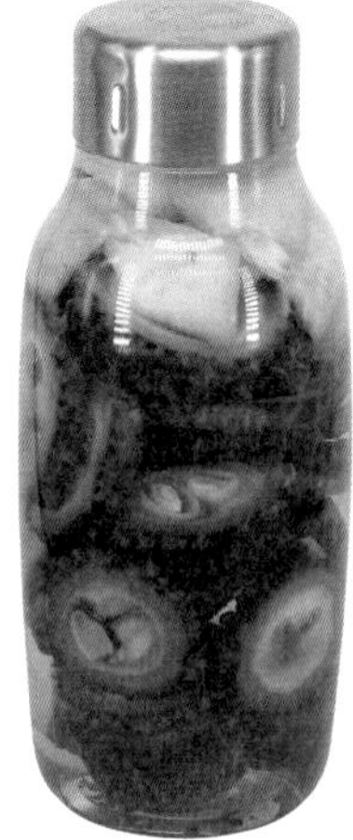

當天

做法

1

山苦瓜充分清洗，用廚房紙巾擦乾，保留籽和白瓤，橫切成 0.7 ～ 0.8 公分厚的圓片。

2

將山苦瓜、鳳梨和蜂蜜放入容器中，倒入燒酎。

香菜酒

享受香菜特有的異國風濃郁芳香，是這款酒的最大樂趣。
香菜根的香氣勝過葉片，所以最好連同根部一同浸泡。
香菜酒熟成後，會變成深紅紫色。

選擇材料・浸泡時間

產季是3～6月。可選擇葉片平滑、散發濃郁香氣的香菜。

註 台灣香菜一年四季皆產，盛產期在中秋節後到清明節前，農曆年前後品質最佳。

品嚐・風味

兌氣泡水並加入萊姆汁，堪稱是炎夏的消暑聖品；也可以混合「萊姆酒」（參照P.85）享用。此外，在東南亞、非洲等異國料理中加入少許香菜酒，立刻變成道地美食。

MEMO 香菜也叫芫荽，英文名稱是Coriander，在各地都有不同的名字。它可以使身體發熱，促進消化，具有發汗的效果。

■ 建議容器與材料

保存容器	1 公升
香菜（芫荽）	100 公克
甲類燒酎	700 毫升

■ DATA

品嚐時間｜約 1 個月後
成本｜便宜　中等　較貴
風味｜微苦
換成其他基底酒也 OK｜伏特加
效果｜促進血液循環、發汗作用、促進食慾、安定神經、促進消化、美肌

做法

1

盆子中裝滿水，用刷子刷洗香菜根部，用廚房紙巾擦乾，切成可放入容器中的長度。

2

將香菜放入容器中，倒入燒酎。

3

2 個星期後取出香菜。

1 個月後

1 個星期後

當天

薑酒

薑具有使身體發熱，促進腸道蠕動的作用。
飲用熱薑酒有助於緩解手腳冰冷、預防感冒。
熟成的薑酒辣味降低，加上蜂蜜的甜味，入口後更加順口。

■ 建議容器與材料

保存容器	1 公升
薑	220 公克
蜂蜜	2 大匙
甲類燒酎	550 毫升

※ 若使用較不辣的嫩薑，分量相同。

■ DATA

品嚐時間｜約 2 個月後

成本｜便宜　中等　較貴

風味｜甜味

換成其他基底酒也 OK｜伏特加、白蘭地

效果｜緩解手腳冰冷、解熱作用、除臭作用、抗發炎、鎮痛、預防感冒

選擇材料・浸泡時間

黃色的根薑一整年都能買到，所以隨時都能浸泡薑酒。產地有日本產、中國產等。白色嫩薑的產季是6～8月。

註 台灣老薑產期為8～12月；嫩薑產期為5～10月。

品嚐・風味

加入熱牛奶、薑汁汽水飲用，令人意想不到地速配。此外，薑酒還可以消除肉、魚的臭味，以及為燉煮料理提味，用在料理酒堪稱萬能。

MEMO 薑的辛辣成分來自薑油酮（Zingerone）和薑烯酚（Shogaol）。薑油酮可使身體發熱，對於感冒初期、手腳冰冷有效。薑烯酚則具有強烈的抗菌、消臭作用。

2 個月後

1 個星期後

當天

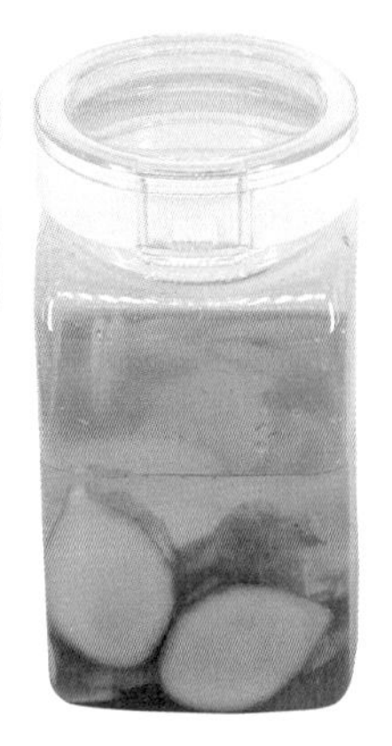

做法

1

用鬃刷刷洗薑，然後用廚房紙巾擦乾。

2

連皮切成 0.5 公分薄的片狀。

3

將薑片、蜂蜜放入容器中，倒入燒酎。

西洋芹酒

西洋芹的清香具有鎮靜神經的效果，而且對消除煩躁、減輕不安感和壓力有效。
葉子中含有比莖多 2 倍的 β- 胡蘿蔔素。
在西洋芹酒中，葉子的分量約佔莖的 2 成。

選擇材料・浸泡時間

雖然一整年都能買到，但盛產季在 3～5 月。可選擇葉片呈深綠色，具有光澤且葉面光滑的。縱筋凹凸不平的比較新鮮。

品嚐・風味

西洋芹的清爽香氣與柑橘風味的飲品堪稱絕配。可以試著和葡萄柚果汁等，或是像「檸檬蜂巢蜜酒」（參照 P. 88）這類果實酒混合飲用。

MEMO 西洋芹富含鉀，可以保持神經與肌肉的功能，並且維持細胞內外礦物質的平衡。

■ 建議容器與材料

保存容器	1 公升
西洋芹	250 公克
西洋芹葉	50 公克
檸檬	1/2 個
甲類燒酎	500 毫升

■ DATA

品嚐時間｜約 2 個月後
成本｜便宜　中等　較貴
風味｜微酸
換成其他基底酒也 OK｜伏特加
效果｜緩解疲勞、促進食慾、強身健體、改善失眠、預防貧血、美肌、安定神經

3 個月後

1 個星期後

當天

做法

1

西洋芹洗淨後瀝乾水分，將莖和葉片一起切成 5 公分長。

2

檸檬洗淨，用廚房紙巾擦乾，橫切約 0.5 公分厚的圓片。

3

將西洋芹的莖、葉片和檸檬放入容器中，倒入燒酎。

4

1 個月後取出檸檬，3 個月以內取出莖和葉片。

乾燥蘿蔔葉酒

常被丟棄的白蘿蔔葉，其實含有大量鐵、維生素以及鉀等棄之可惜的營養。
乾燥後的白蘿蔔葉含水量極少，用來浸泡酒類可以更快做好。

■ 建議容器與材料

保存容器	800 毫升
乾燥白蘿蔔葉	35 公克
檸檬	1/2 個
蜂蜜	1 大匙
甲類燒酎	385 毫升

■ DATA

品嚐時間｜約 2 個月後

成本｜便宜　中等　較貴

風味｜微甜

換成其他基底酒也 OK｜白蘭地

效果｜抗氧化、緩解疲勞、預防貧血、預防高血壓、舒緩水腫、美肌、預防感冒、舒緩眼睛疲勞

選擇材料・浸泡時間

這幾年在日本超市裡，已經可以買到乾燥的白蘿蔔葉。但如果想自己做，可以使用葉面平滑的新鮮蘿蔔葉。11月～翌年3月採收的帶葉白蘿蔔，是浸泡酒類極佳的選擇。

註　台灣白蘿蔔的產期為11～3月。市售的白蘿蔔多是帶一小段莖，想要擁有新鮮蘿蔔葉，可能要到鄉下或產地才有。

品嚐・風味

這款酒可當作藥酒，建議常溫時少量直接飲用即可。

2 個月後

1 個星期後

當天

做法

1

若使用自家製的乾白蘿蔔葉，可先用燒酎（材料量之外）輕輕浸泡，洗掉沾附的灰塵。

2

將乾白蘿蔔葉、檸檬和蜂蜜放入容器中，倒入燒酎。若使用的是市售乾白蘿蔔葉，直接放入容器中即可。

3

2 個月後取出白蘿蔔葉。戴上塑膠手套，將白蘿蔔葉擰出汁液，將精華汁液過濾，倒回容器中。

洋蔥酒

以黃洋蔥為代表的辣洋蔥，最適合用來浸泡蔬菜酒。
由於含水分少且刺激氣味濃厚，能延長保存時間。
加入與肉類料理風味契合的紅酒一起浸泡，就可以當作料理酒使用，非常實用。

建議容器與材料

保存容器	1.4 公升
洋蔥	250 公克（約大的 1 個）
紅酒	250 毫升
甲類燒酎	300 毫升

DATA

品嚐時間｜約 1 個月後
成本｜便宜　中等　較貴
風味｜少許酸味
換成其他基底酒也 OK ｜白蘭地
（分量為 550 毫升，不需加入紅酒）
效果｜緩解疲勞、淨化血液、促進消化、抗氧化、改善失眠、預防高血壓、美肌

選擇材料・浸泡時間

全年都能買到。日本洋蔥主要產區北海道以 9 月～翌年 3 月採收的最可口。選購黃洋蔥時，以外皮乾燥、具有光澤，手拿起來有重量感的為佳。

註 台灣洋蔥的產期為每年 12 月～隔年 4 月。

品嚐・風味

洋蔥酒氣味強烈，沒想到入口卻意外地口感溫和。可當作藥酒，常溫時直接飲用約一口的分量。加一些在燉肉料理中，更加鮮美。

MEMO 中醫認為，洋蔥具有溫熱腸胃，提高體內循環的「氣」，並且促進消化的效果。

做法

1

洋蔥剝掉外皮，縱切對半，再橫切約 0.5 公分厚的薄片。

2

將洋蔥放入容器中，倒入紅酒、燒酎。

3

2 個星期之後取出洋蔥。

蕃茄酒

歐洲有句「蕃茄紅了，醫生的臉都綠了」的諺語。
那是因為蕃茄具有明顯的抗氧化作用，以及提升免疫力的效果。
製作蕃茄酒時，可加入些綜合胡椒粒以提升風味。

建議容器與材料

保存容器	1.4 公升
蕃茄	300 公克（約中的 2 個）
檸檬	1 個
綜合胡椒粒	1 小匙
甲類燒酎	450 毫升

DATA

品嚐時間｜約 1 個月後

成本｜便宜　中等　較貴

風味｜酸味

換成其他基底酒也 OK｜白蘭地

效果｜緩解疲勞、抗氧化、預防生活習慣病、降低膽固醇、預防感冒、美肌

選擇材料・浸泡時間

蕃茄最可口的時期是 6～9 月。可選擇外皮呈深茶色且平滑，蒂頭新鮮不枯萎的蕃茄。

註 這裡使用的是牛蕃茄，台灣牛蕃茄盛產期為冬天。

品嚐・風味

加入少許啤酒，可調成經典的蕃茄雞尾酒「赤眼玄機」（Red Eye）。將蕃茄酒倒入玻璃杯，杯緣沾附一圈鹽，再加入冰塊直接飲用，或是兌蔬菜汁或果汁品嚐，都是不錯的飲用法。

MEMO 夏季蔬菜蕃茄可以讓身體降溫、補給水分。尤其推薦在出現夏日倦怠、夏天感冒而沒有食慾時食用。容易頭暈的人也很適合吃。

做法

1

蕃茄洗淨，用廚房紙巾擦乾，橫切成 1 公分厚的圓片。

2

檸檬去掉外皮，盡量去掉檸檬皮白色的部分，果肉橫切成 1 公分厚的圓片。

3

將蕃茄、檸檬和綜合胡椒粒放入容器中，倒入燒酎。

4

1 個月後取出檸檬，3 個月後取出蕃茄，過濾即可。

1 個月後

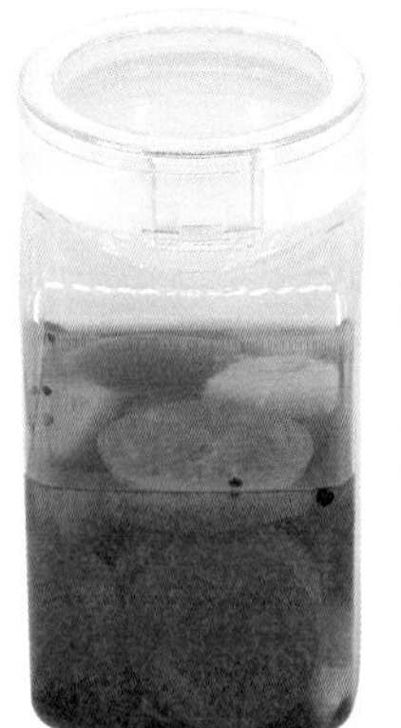

1 個星期後

當天

胡蘿蔔酒

胡蘿蔔是黃綠色食物的代表，β- 胡蘿蔔素含量相當豐富。
此外，它也均衡地含有鈣、鐵和維生素 C 等營養素。
這款胡蘿蔔酒使用日本酒當基酒，口感溫和有層次。

選擇材料・浸泡時間

胡蘿蔔春夏的產季是4～7月，秋天產季是8～10月，冬天產季則是11～12月。可選擇表皮色澤鮮艷且平滑的。切口變成茶色是因為採收後存放太久的緣故。

註 台灣胡蘿蔔的產期為11月～隔年4月。

品嚐・風味

可加入蔬菜汁飲用。也可以加入咖哩或法式蔬菜燉肉這類燉煮料理中，增添鮮味。

MEMO 胡蘿蔔所含的胡蘿蔔素在體內能轉變成維生素 A，可提高身體的免疫力。還可增進皮膚、黏膜的健康，對預防癌症、心臟病以及動脈硬化等有效果。

建議容器與材料

保存容器	1.4 公升
胡蘿蔔	270 公克
蜂蜜	2 大匙
日本酒（酒精成分 20%以上）	500 毫升

DATA

品嚐時間｜約 3 個月後
成本｜便宜　中等　較貴
風味｜順口的甜味
換成其他基底酒也 OK｜白蘭地、甲類燒酎
效果｜抗氧化、促進血液循環、舒緩眼睛疲勞、預防癌症、舒緩水腫、預防感冒、消除便秘、美肌

做法

1

以鬃刷刷洗胡蘿蔔，用廚房紙巾擦乾。連皮一起橫切成 0.4 ～ 0.5 公分厚的圓片。

2

將胡蘿蔔、蜂蜜放入容器中，倒入日本酒。

3 個月後

1 個星期後

當天

大蒜酒

日本沖繩人習慣在睡前飲用一些以泡盛浸泡的大蒜酒，
據說可有效減緩疲勞、預防感冒。這款酒因為加入了紅辣椒，
能引出大蒜的風味與香氣。另外，配方中沒有糖，所以可以當作料理酒使用。

建議容器與材料

保存容器	800 毫升
大蒜	250 公克
紅辣椒	5 根
甲類燒酎	550 毫升

DATA

品嚐時間｜約 4 個月後

成本｜便宜　中等　較貴

風味｜強烈的辛辣味

換成其他基底酒也 OK｜泡盛

效果｜緩解疲勞、解毒作用、抗氧化、預防高血壓、降低膽固醇、淨化血液、緩解手腳冰冷、改善失眠、美肌

選擇材料・浸泡時間

大蒜的產季是6~8月。不要使用表面有傷，或是將有傷的地方切掉再使用。如果不喜歡大蒜的強烈氣味，可將大蒜先蒸過再浸泡以緩和氣味。

註 台灣大蒜產期為每年的3~4月。

品嚐・風味

大蒜的氣味濃郁，可當作藥酒，每次飲用約20毫升。若用在料理酒，可以醃肉、魚，或於燉煮料理、義大利麵和醬汁中增添風味，不管日、西、中式料理都適合。

MEMO 浸泡過的大蒜可以取出後再利用，切成薄片或切碎來炒菜。只要取出必要的用量即可，其他泡在酒中不會發芽。

4 個月後

1 個星期後

當天

做法

1

大蒜去皮，剝成一瓣一瓣的，用刀切掉大蒜頂端和底部。

2

將大蒜、紅辣椒放入容器中，倒入燒酎。

巴西里酒

巴西里是西式料理中的配角，卻是營養寶庫，
β- 胡蘿蔔素含量更是蔬菜中的佼佼者。
由於鐵和鈣等礦物質也很充足，想改善貧血的人也可以飲用巴西里酒。

選擇材料・浸泡時間

一整年都能買到。顏色深綠，可選擇葉片細小捲皺，具彈性的。

品嚐・風味

兌蔬菜汁飲用，更容易入口。此外可以和「大蒜酒」（參照 P.106）混合，加入義大利麵等西式料理中，風味倍增。

MEMO 巴西里的清香中含有洋芹醚（Apiol）的精油成分，會強烈地刺激子宮，孕婦必須控制巴西里的食用量。

■ 建議容器與材料

保存容器	1 公升
巴西里	70 公克
檸檬	1/2 個
冰糖	20 公克
甲類燒酎	680 毫升

■ DATA

品嚐時間｜約 2 個月後

成本｜便宜　中等　較貴

風味｜巴西里的青草味中帶有甜、酸味

換成其他基底酒也 OK｜伏特加

效果｜強身健體、抗氧化、預防貧血、舒緩花粉症等過敏症狀、利尿、美肌、促進食慾

2 個月後

做法

1

盆子中裝滿水，放入巴西里充分清洗，用廚房紙巾擦乾。莖的切口切掉約 1 公分，切成可放入容器中的大小。

2

以刀削除檸檬皮，果肉橫切約 1～1.5 公分厚的圓片。

3

將巴西里、檸檬和冰糖放入容器中，倒入燒酎。

4

1 個月後將巴西里、檸檬移除。

乾香菇酒

相較於新鮮香菇，乾香菇所含的鮮味與營養價值都比較高。
藉由曬乾會使乾香菇的鮮味來源蔦苷酸（Guanylic Acid）成分增加，
而維生素 D 含量也比曬乾前提高了 30 倍。當作烹調料理用酒非常適合。

■ 建議容器與材料

保存容器	800 毫升
乾香菇	20 公克
蜂蜜	1 大匙
甲類燒酎	465 毫升

■ DATA

品嚐時間｜約 2 個月後
成本｜（便宜　中等　較貴）
風味｜濃郁的鮮甜味
換成其他基底酒也 OK｜伏特加
效果｜消除便秘、舒緩水腫、降低膽固醇、安定神經

選擇材料・浸泡時間

若使用市售乾香菇浸泡，整年都不缺材料。可選擇菇傘圓且厚實，傘背沒有變黑的香菇。

品嚐・風味

兌熱水飲用，更能提升鮮美與香氣。用在烹調料理時，可加在日式的煮料理、麵味露（鰹魚醬油露）和蛋花湯等湯類食品中，鮮甜倍增。也可和柴魚片（參照P.195）一起使用，能增添風味。

MEMO 烹調藥膳料理時，通常會使用乾香菇，而非新鮮香菇。

2 個月後

1 個星期後

當天

做法

1

將乾香菇、蜂蜜放入容器中，倒入燒酎。

2

因為乾香菇會浮起，可用保鮮膜蓋著表面，再蓋上蓋子即可。

穗紫蘇酒

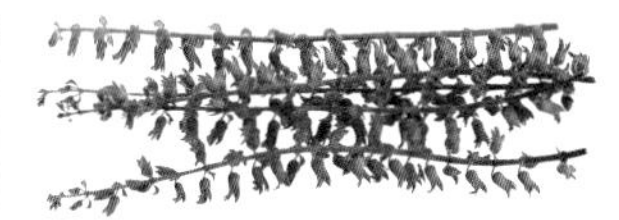

穗紫蘇是指紫蘇的花穗。
開滿著淡紫色花朵的叫作花穗紫蘇，當花朵凋落後結籽，則稱為穗紫蘇。
穗紫蘇放入酒中浸泡時，為免籽掉落，動作要緩慢小心。

建議容器與材料

保存容器	1 公升
穗紫蘇	70 公克
冰糖	30 公克
甲類燒酎	700 毫升

DATA

品嚐時間｜約 2 個月後
成本｜便宜　中等　較貴
風味｜微甜
換成其他基底酒也 OK｜伏特加、琴酒
效果｜解熱、抗菌及防腐作用、抗氧化、美肌、安定神經

選擇材料・浸泡時間

穗紫蘇雖然全年都能買到，但是12～翌年1月是主要產季。建議購買籽密集、梗直、切口沒有變成棕色的。

註 台灣紫蘇結籽的時間約為10～12月。

品嚐・風味

由於紫蘇香氣濃郁，兌開水飲用風味最清爽。也可加在啤酒，或是威士忌、氣泡水混合成的高球雞尾酒（Highball）中，香氣更凸顯。

MEMO 穗紫蘇雖然大多用在生魚片的盤飾，但也應用在製作醬油醃漬、佃煮（用味醂、醬油和砂糖烹調的濃郁風味小菜）和天婦羅等料理上。

做法

1

盆子中裝滿水，放入穗紫蘇清洗，用廚房紙巾一邊壓一邊吸乾水分。切口如果變黑的話，要切掉。

2

將穗紫蘇、冰糖放入容器中，倒入燒酎。

3

2 個月後取出穗紫蘇。

2 個月後

1 個星期後

當天

松茸酒

松茸，有「秋季味覺之王」的美譽。
松茸因用在中藥材而被大家接受，浸泡後的酒，也能當作藥酒飲用。
大約浸泡 1 個月就能飲用。建議在冬天飲用，有助於維持身體健康。

選擇材料・浸泡時間

產季是10～11月。高品質的松茸，菌傘未全開、菌柄穩固粗壯。松茸若乾掉很容易腐敗、變質，所以購買後要盡快浸泡。

品嚐・風味

可當作藥酒，常溫時直接飲用約20 ml的分量。也可以和醋橘酒（參照P.53）混合，當成日本料理中的佐餐酒飲用。

■ 建議容器與材料

保存容器	800 毫升
松茸	100 公克
甲類燒酎	400 毫升

■ DATA

品嚐時間｜約 1 個月後
成本｜（便宜　中等　較貴）
風味｜微甜
換成其他基底酒也 OK｜白蘭姆酒
效果｜促進食慾、提升免疫力、安定神經、平穩血壓、消除便秘

MEMO 松茸最能代表秋日風情，然而近年日本產的松茸量年年下降，價格節節升高。因此，中國、韓國和美國進口的松茸增多，價格比較便宜，能輕鬆購入。

3 個月後

1 個星期後

當天

做法

1

廚房紙巾用水打濕後擰乾，輕輕擦掉松茸柄、菌傘上的髒汙，用刀子切掉根部。

※ 菌傘具有獨特濃郁的香氣，所以不需水洗。

2

松茸縱切成 0.5 公分的薄片。

3

將松茸放入容器中，倒入燒酎。

小蕃茄酒

你也可以僅使用紅色小蕃茄製作，但若能同時使用黃、橘和綠等多色小蕃茄，視覺上會更多彩且華麗。此外，因為是整顆直接浸泡，建議用竹籤先在小蕃茄表面刺一些洞，更能加速熟成的時間。

選擇材料・浸泡時間

產季是6～9月。可選擇果皮光滑且具有光澤，沒有受傷，蒂頭沒有枯萎的小蕃茄製作。

註 台灣的小蕃茄產季為每年的11月～隔年5月。

品嚐・風味

除了加冰塊，可以將薄荷葉、冰塊放入玻璃杯中，倒入小蕃茄酒、氣泡水混合，清爽的滋味，堪稱是夏天的消暑飲品。

MEMO 如果自家有栽種小蕃茄，可以使用剛採收下來的小蕃茄，將新鮮的果香味一起浸泡。

■ 建議容器與材料

保存容器	1 公升
小蕃茄	330 公克
（大約 30 個，如圖可準備紅、黃、橘、綠等色）	
檸檬	1/2 個
甲類燒酎	420 毫升

■ DATA

品嚐時間｜約 6 個月後

成本｜便宜　中等　較貴

風味｜微酸、微甜

換成其他基底酒也 OK｜白蘭地

效果｜緩解疲勞、抗氧化、預防生活習慣病、降低膽固醇、預防感冒、美肌

1 年後

半年後

當天

做法

1
小蕃茄充分洗淨，去掉蒂頭，用廚房紙巾擦乾。

2
以刀削除檸檬皮，白色部分盡可能切除，果肉橫切約 1 公分厚的圓片。

3
將小蕃茄、檸檬放入容器中，倒入燒酎。

4
1～2 個月內取出檸檬。

茗荷酒

說到佐料用的蔬菜，一定會提到具有獨特香氣的茗荷（蘘荷、野薑）。浸泡酒類時，為了能完全保留住香氣，必須輕輕清洗、擦拭，切勿過度用力。

建議容器與材料

保存容器	1 公升
茗荷	250 公克（大的約 12 個）
甲類燒酎	550 毫升

DATA

品嚐時間｜約 3 個月後

成本｜便宜　中等　較貴

風味｜微苦

換成其他基底酒也 OK｜白蘭地

效果｜緩解疲勞和手腳冰冷、改善失眠、促進食慾、促進消化、預防感冒、預防夏日倦怠

選擇材料・浸泡時間

避免買到表皮有傷、尖端壓到，以及附著太多泥土的茗荷。泥土很難完全清除，若帶著泥土浸泡酒類的話，會導致腐敗、變質。

品嚐・風味

由於風味清爽，建議加入冰塊或氣泡水享用。

MEMO 茗荷的產季 1 年有 2 次。6～8 月採收的「夏茗荷」個頭較小；8～10 月採收的「秋茗荷」個頭較大且顏色鮮豔。

3 個月後

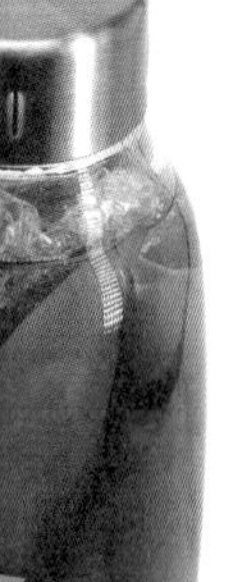

1 個星期後

當天

做法

1

輕輕清洗茗荷，用廚房紙巾擦乾，切掉根部。

2

將茗荷放入容器中，倒入燒酎。

山芋酒

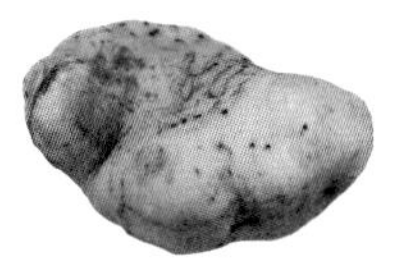

也有人稱作銀杏芋、大和芋。
富含澱粉酶（Diastase）這種消化酵素，有助於消化吸收。
山芋比長芋更具黏性，拿來浸泡酒類，口感同樣黏稠。

選擇材料・浸泡時間

一整年都能買到儲存的山芋（採收後儲存，不是新鮮的），但新鮮山芋的產季在10月。可選用外皮平滑、無傷，並且切口呈白色、新鮮的山芋浸泡。

品嚐・風味

加入冰塊，便能充分享受到山芋的樸實香氣與溫和口感。

MEMO 手觸碰到山芋會發癢，是因為含有草酸鈣成分。只要將手浸入醋水或檸檬汁一下就能舒緩。

■ 建議容器與材料

保存容器	1.4 公升
山芋	250 公克
檸檬	1 個
甲類燒酎	480 毫升

■ DATA

品嚐時間｜約 2 個月後
成本｜便宜　中等　較貴
風味｜甜味、微澀
換成其他基底酒也 OK｜白蘭地
效果｜強身健體、緩解疲勞、促進消化、消除便秘、預防腹瀉、舒緩水腫、降低血壓、美肌

2 個月後

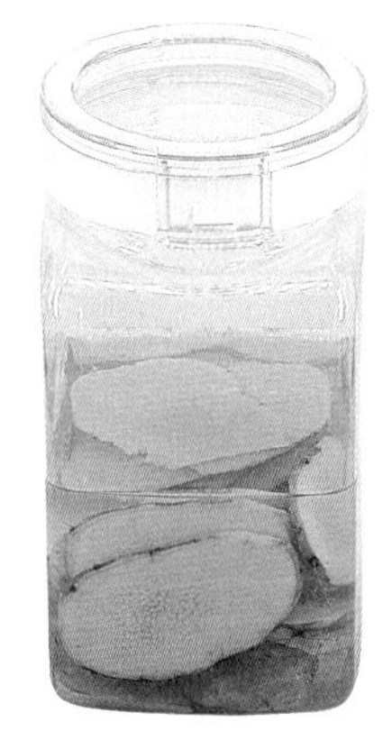

1 個星期後

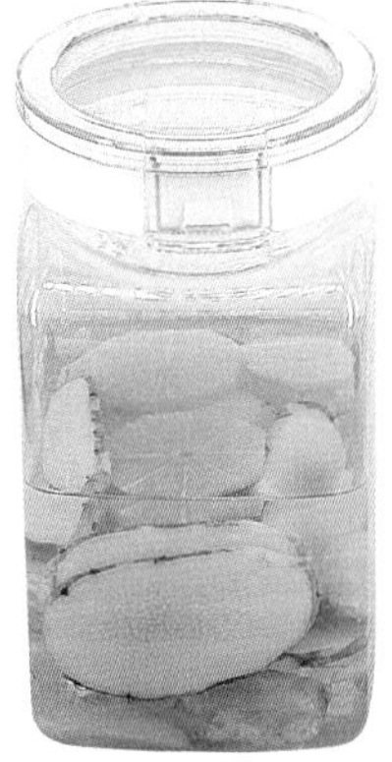

當天

做法

1

拿海綿刷洗山芋，用廚房紙巾擦乾，連皮一起橫切成 0.2 ～ 0.3 公分厚的薄片。

2

以刀削除檸檬的外皮，果肉切成 1 公分厚的圓片。

3

將山芋、檸檬放入容器中，倒入燒酎。

4

2 個星期後取出檸檬，2 個月後取出山芋。

土當歸酒

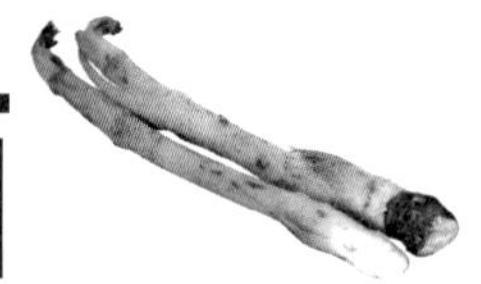

和完全不接觸日光栽培的嫩白土當歸不同，種植於山中的天然土當歸香氣更勝，
營養價值也相當高。土當歸酒可以連皮一起浸泡，酒液清香濃郁，
加上適度的澀味與微辣，口感充滿野趣的風味。

■ 建議容器與材料

保存容器	1.4 公升
土當歸	250 公克
甲類燒酎	550 毫升

■ DATA

品嚐時間｜約 1 個月後

成本｜便宜　中等　較貴

風味｜微澀、微苦

換成其他基底酒也 OK｜伏特加

效果｜強身健體、緩解疲勞、整腸作用、緩解手腳冰冷、舒緩水腫、鎮靜作用

選擇材料・浸泡時間

產季是2～4月。建議選擇粗細均一、莖嫩白，並且芽尖與根部周圍的皮是淡粉紅色的為佳。

品嚐・風味

可以當作藥酒，直接喝或加入冰塊、兌開水飲用，感受春季蔬菜的清香、微澀和微苦。

MEMO 土當歸也是蔬菜中水分含量高的，同時富含可抑制血壓上升的鉀。

1 個月後

1 個星期後

當天

做法

1

土當歸洗淨，用廚房紙巾擦乾，斜切成 0.7 ～ 0.8 公分厚的薄片。

2

將土當歸放入容器中，倒入燒酎。

3

1 個月後取出土當歸。

山蘿蔔酒

山蘿蔔常用在搭配碳烤牛肉而受喜愛。在主要種植地北海道叫作山蘿蔔，在其他地區則叫作西洋山葵、辣根。山蘿蔔生長於寒冷氣候，12～翌年4月挖起的成熟山蘿蔔風味嗆辣。

建議容器與材料

保存容器	1.4 公升
山蘿蔔（辣根、西洋山葵）	200 公克
甲類燒酎	600 毫升

DATA

品嚐時間｜約 2 個月後

成本｜便宜　中等　較貴

風味｜辛辣味

換成其他基底酒也 OK｜日本酒（酒精成分 20%以上，浸泡後需放入冷藏保存）

效果｜防蟲效果、防霉作用、預防腹瀉、鎮痛、促進食慾、美肌

選擇材料・浸泡時間

日本產辣根的產季是12～翌年4月。採收後經過一段時間會漸漸變成棕色，香氣與辛辣味減弱。可選擇顏色較白的。此外，在氣候溫暖地區種植的辣根沒有辛辣味。

品嚐・風味

兌開水喝，可享受山蘿蔔獨特撲鼻而來的香氣。

MEMO 山蘿蔔在主要產地北海道之外，很難買到，不過因為生命力強韌，可以輕鬆用花盆栽種。

2 個月後　1 個星期後　當天

做法

1

盆子中裝滿水，放入山蘿蔔擦洗，用廚房紙巾擦乾，先切成5～7公分長，再縱切成4等分。

2

將山蘿蔔放入容器中，倒入燒酎。

艾草酒

具有特殊香氣的艾草，大多時候用在草餅等和菓子，但因為在野草中的營養價值高，
自古以來，被視為對女性的身體病痛有顯著功效的草藥。
做成艾草酒，更容易融入日常生活中。

■ 建議容器與材料

保存容器	500 毫升
艾草（乾燥）	15 公克
甲類燒酎	480 毫升

■ DATA

品嚐時間｜約 2 個月後
成本｜ 便宜　中等　較貴
風味｜藥草的苦味
換成其他基底酒也 OK｜白蘭地
效果｜淨化血液、消除便秘、緩解手腳冰冷、預防貧血、降低膽固醇、放鬆身心、美肌

選擇材料・浸泡時間

新鮮艾草的產季是3～5月，但若是用乾燥的艾草，隨時都能浸泡酒類。而乾燥的艾草香氣較新鮮的艾草濃郁。

註 在台灣可以在中藥房或青草店找到乾燥的艾草。

品嚐・風味

加入牛奶更順口且易入口。此外，也可以直接飲用、兌開水或是熱水品嚐。

MEMO 除了當作食材外，艾草還能用在艾灸、艾草座浴薰蒸以及艾草入浴劑等外用的方式。

做法

1

將乾燥艾草放入容器中，倒入燒酎。

2

1 個月後取出艾草，戴上塑膠手套，將艾草擰出汁液，將精華汁液過濾，倒回容器中。

2 個月後

1 個星期後

當天

大黃酒

具有強烈酸味和濃郁香氣，酒液呈紅色的大黃酒，如同果實酒般。
大黃有綠色、紅色的品種，紅色的沒有青草味。
另外，大黃的葉片因含有大量草酸鈣，不宜食用。

選擇材料・浸泡時間

產季是5～6月。雖然原產地在西伯利亞，但在日本長野縣和北海道均有栽培。避免買到切口變成咖啡色、斷面受傷的大黃，應選用表面無筋、鮮嫩的為佳。

品嚐・風味

兌入氣泡水的話，會有氣泡在亮紅色的液體中上升，可以欣賞美麗的顏色。

建議容器與材料

保存容器	1 公升
大黃（紅色）	250 公克
冰糖	30 公克
甲類燒酎	520 毫升

DATA

品嚐時間｜約 3 個月後
成本｜便宜　中等　較貴
風味｜強烈酸味中有少許甜味
換成其他基底酒也 OK｜白蘭地
效果｜消除便秘、舒緩水腫、抗氧化、預防生活習慣病、舒緩眼睛疲勞、美肌

MEMO 最受歡迎的大黃烹調方法就是做成果醬。相較於製作其他果醬，大黃果醬燉煮的時間較短，很快就能完成。

3 個月後

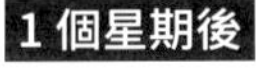

當天

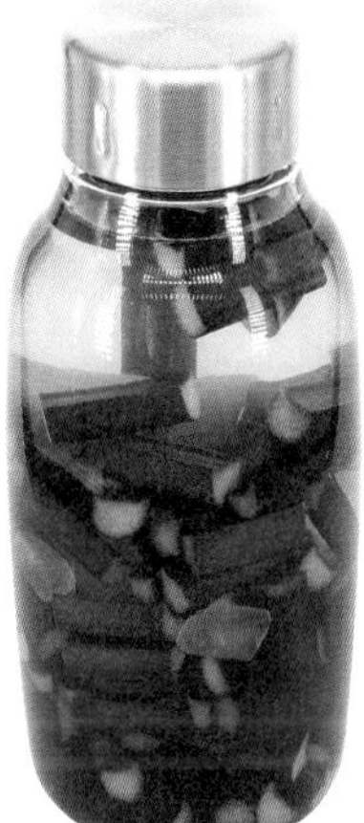

做法

1

大黃充分清洗，用廚房紙巾擦乾。把切口切掉，確認斷面沒有受傷，切成 3 公分長。

2

將大黃、冰糖放入容器中，倒入燒酎。

蓮藕酒

蓮藕黏滑的成分黏蛋白（Mucin），是由蛋白質和多醣類結合而成，
所以具有保護腸胃黏膜，幫助消化的功效。
浸泡酒類時，要將蓮藕孔中殘留的水分擦乾。

■ 建議容器與材料

保存容器	1.4 公升
蓮藕	200 公克
檸檬	1 個
蜂蜜	30 公克
甲類燒酎	500 毫升

■ DATA

品嚐時間｜約 2 個月後

成本｜（便宜　中等　較貴）

風味｜酸甜兼具

換成其他基底酒也 OK｜伏特加

效果｜緩解疲勞、利尿、平穩血壓、消除便秘、降低膽固醇、抗氧化、預防貧血、美肌

做法

1

盆子中裝滿水，放入蓮藕以海綿擦洗，再以流動的水將蓮藕的孔洗乾淨，用廚房紙巾擦乾。

2

蓮藕帶皮橫切成0.2～0.3公分後的圓片。

3

以刀削除檸檬皮，果肉橫切約 1 公分厚的圓片。

4

將蓮藕、檸檬和蜂蜜放入容器中，倒入燒酎。

5

2個星期後取出檸檬。

選擇材料・浸泡時間

蓮藕最可口的季節是11～翌年3月。蓮藕孔中發黑，表示放很久、不新鮮，必須選用色白且新鮮的浸泡酒類。不過，秋天的蓮藕表面有時會呈紅褐色。

註 台灣菜藕產期在6月～9月；南部的粉藕則在農曆12月～隔年2月中。

品嚐・風味

建議和蔬菜汁混合飲用。直接飲用或兌開水喝都OK。

MEMO 蓮藕因為有孔，而有「洞燭機先」的寓意，被視作吉祥物。

2 個月後

1 個星期後

當天

山葵酒

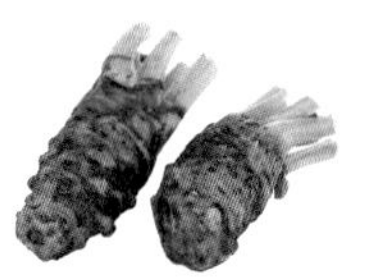

山葵的產地幾乎都在靜岡縣，是少數日本原產的蔬菜。
自古以來似乎都不做食用，而是當作草藥使用。
以山葵浸泡的酒滋味嗆辣，具有清爽的香氣，是成人風味的酒。

建議容器與材料

保存容器	1 公升
山葵	150 公克
甲類燒酎	650 毫升

DATA

品嚐時間｜約 3 個月後

成本｜便宜　中等　較貴

風味｜嗆辣味

換成其他基底酒也 OK｜伏特加、琴酒

效果｜防蟲、防霉及抗菌作用、預防腹瀉、鎮痛、促進食慾、美肌

選擇材料・浸泡時間

雖然全年都可以買到，但最美味的季節是12～翌年2月。可選購整體粗細均一，根部表面凹凸不平的浸泡酒類。

品嚐・風味

由於滋味嗆辣，不可過量飲用，建議兌開水飲用。此外，用在料理酒時，可當作醬汁等的提味。

MEMO 栽培於山間濕地或水田的稱作「水山葵」；在田地間栽種的叫作「田山葵」。水山葵較受大家的喜愛，但田山葵尺寸較小，比較好處理。

做法

1

盆子中裝滿水，放入山葵擦洗，用廚房紙巾擦乾，縱切成 4 等分。

2

將山葵放入容器中，倒入燒酎。

3 個月後

1 個星期後

當天

紅紫蘇果汁

做成紅紫蘇果汁，爽口的酸甜，
連孩子們都喜歡。紅紫蘇除了花青素成分之外，
也富含維生素 B1、B2、C 和 E，以及鐵、鈣等營養素。

選擇材料・浸泡時間

紅紫蘇的產季是6～8月，但6月的產量最大。

品嚐・風味

加入水、氣泡水飲用。大人的話，則可以加入啤酒飲用。

■ 建議容器與材料

保存容器	500 毫升
紅紫蘇	250 公克
冰糖	300 公克
蘋果醋	30 毫升
水	600 毫升

■ DATA

品嚐時間｜冷藏大約 3 個月後

成本｜（便宜　中等　較貴）

風味｜清爽的酸味

換成其他基底酒也 OK｜白蘭地、威士忌

效果｜清熱作用、抗菌作用、防腐作用、抗氧化、神經鎮痛作用、美肌

做法

1. 摘下紅紫蘇葉片，放入裝滿水的盆子中，一片一片洗淨，再用廚房紙巾擦乾。
2. 鍋中倒入 600 毫升水煮至沸騰，加入紅紫蘇。因為紅紫蘇會浮起來，可以用筷子讓紅紫蘇沉入滾水中。大約 3 分鐘後撈出紅紫蘇，放入盆中。
3. 將汁液過濾回鍋中，加入冰糖，以小火加熱約 15 分鐘。
4. 等汁液冷卻後，倒入蘋果醋混勻，再整個倒入其他容器。

製作記錄表

將手作酒放入涼快陰暗的地方保存，一旦長時間沒有看到，很容易完全忘掉要取出檸檬皮，或是忘記品嚐時間。因此，建議大家製作記錄表，貼在容器的外面，有助於記錄浸泡日期，也可以當作下次浸泡時的參考依據。建議可將下面的表格影印使用。

●浸泡時間

年　　月　　日

●酒名

●檸檬、果肉等取出日

年　　月　　日

●撈出的材料名

●配方等備忘錄

第3章

花・香草酒

蘋果薄荷酒

蘋果薄荷是眾多薄荷之中，風味清甜且圓潤的品種。
用來浸泡酒類，入口前味清新爽口，後味則感受到蘋果的風味。
芳香中微甘甜的滋味，疲倦時，可以讓身體與心靈放鬆。

建議容器與材料

保存容器	800 毫升
蘋果薄荷	12 ～ 30 公克
冰糖	30 公克
甲類燒酎	460 毫升

DATA

品嚐時間｜約 1 個月後

成本｜便宜　中等　較貴

風味｜柔和的甜與酸味

換成其他基底酒也 OK ｜琴酒

效果｜緩解疲勞、殺菌作用、放鬆身心、緩解手腳冰冷、改善失眠、美肌

選擇材料・浸泡時間

葉片鮮嫩含水且有彈性表示新鮮。不管任何季節都買得到，但主要產季是在6～9月。

註 可以自己在花市購得蘋果薄荷，再行製作。

品嚐・風味

兌開水、熱水、氣泡水飲用，不僅能享受溫和的清涼感與蘋果風味，還能放鬆心靈。

MEMO 也可以嘗試用鳳梨薄荷、香蕉薄荷、葡萄柚薄荷等其他水果風味的薄荷製作。

做法

1

盆子中裝滿水，放入蘋果薄荷，再以流動的水洗淨，用廚房紙巾擦乾。

2

將蘋果薄荷、冰糖放入容器中，倒入燒酎。

3

2 個星期後取出蘋果薄荷。

當天

1 個星期後

1 個月後

平葉巴西里酒

相較於日本的巴西里，平葉巴西里（義大利香芹、歐芹）較不具苦味、
香氣溫和，更是富含維生素類、礦物質類等營養素的香草植物。
這裡加入了檸檬、冰糖一起浸泡，在優雅的甜味中，能感受到清爽的後味於口中擴散。

建議容器與材料

保存容器	800 毫升
平葉巴西里	15～30 公克
檸檬	1/2 個
冰糖	10 公克
甲類燒酎	430 毫升

DATA

品嚐時間｜約 1 個月後

成本｜便宜　中等　較貴

風味｜柔和的甜味

換成其他基底酒也 OK｜琴酒、伏特加

效果｜強身健體、造血作用、預防貧血、舒緩花粉症等過敏症狀、利尿、美肌

選擇材料・浸泡時間

建議選擇葉片鮮嫩、鮮綠色的巴西里。由於一整年都能買到，可以選擇喜歡的時間製作。

品嚐・風味

因為將它當作能強身健體、改善貧血的藥酒，建議兌開水或熱水飲用。

MEMO 溫和風味的平葉巴西里可以用在義大利麵、湯品、蛋包飯、餃子或拌入鹹味美乃滋做成抹醬，活用在各種料理中。

做法

1

盆子中裝滿水，放入平葉巴西里，再以流動的水洗淨，用廚房紙巾擦乾。

2

檸檬洗淨，連皮橫切約 0.5 公分厚的圓片。

3

將平葉巴西里、檸檬和冰糖放入容器中，倒入燒酎。

1 個月後

1 個星期後

當天

奧勒岡酒

相較於新鮮的奧勒岡葉，用乾燥的奧勒岡葉浸泡酒類，酒香更濃郁。奧勒岡酒具辣味與香氣，可以當作料理酒，用在各式料理中。雖然酒有些許雜味，但只要少量使用，幾乎沒有感覺。與蕃茄、起司和肉類是絕配。

■ 建議容器與材料

保存容器	800 毫升
乾燥奧勒岡葉	20 公克
白酒	150 毫升
甲類燒酎	330 毫升

■ DATA

品嚐時間｜約 1 個月後
成本｜（便宜　中等　較貴）
風味｜辣味
換成其他基底酒也 OK｜日本燒酎（酒精濃度 25%以上）
效果｜緩解疲勞、抗菌作用、抗氧化、促進消化、鎮痛

選擇材料・浸泡時間

全年都能買到，但無論使用新鮮或乾燥奧勒岡葉，一定要確保品質新鮮。建議在賞味期限內盡快使用，並且避免存放在高溫潮濕的地方。

註 在台灣，新鮮奧勒岡葉在部分百貨公司超市能找到；至於乾燥奧勒岡葉，則可網購或是在花草茶的專賣店購得。

品嚐・風味

加入少量柳橙果汁，搖身一變成了辣味的時尚雞尾酒，也可以當作料理酒，烹調各式料理。

1個月後

當天

做法

1

將奧勒岡葉放入容器中，倒入白酒、燒酎。

2

1 個月後取出奧勒岡葉。

洋甘菊酒

有「大地的蘋果」之稱的洋甘菊，有著和蘋果相似的揉合甘甜味與芳香。最具代表性的洋甘菊有德國洋甘菊（一年生草本）和羅馬洋甘菊（多年生草本），其中德國洋甘菊比較適合浸泡酒類。

■ 建議容器與材料

保存容器	800 毫升
乾燥洋甘菊（德國洋甘菊）	10 公克
日本酒（酒精濃度 20%以上）	490 毫升

■ DATA

品嚐時間｜約 1 個月後
成本｜（便宜　中等　較貴）
風味｜微甜
換成其他基底酒也 OK｜日本燒酎（酒精濃度 20～25%）
效果｜鎮靜作用、促進消化、放鬆身心、緩解手腳冰冷、改善失眠

選擇材料・浸泡時間

一般市售產品大多是德國洋甘菊，花朵散發香氣，很適合製作香草酒。如果使用乾燥的洋甘菊，隨時都能浸泡。

註 在台灣，乾燥洋甘菊較常見，可網購或是在花草茶的專賣店購得。

品嚐・風味

常溫時直接飲用約20毫升的分量。加入水、熱水飲用的話，有助於放鬆身心。

1個月後　**當天**

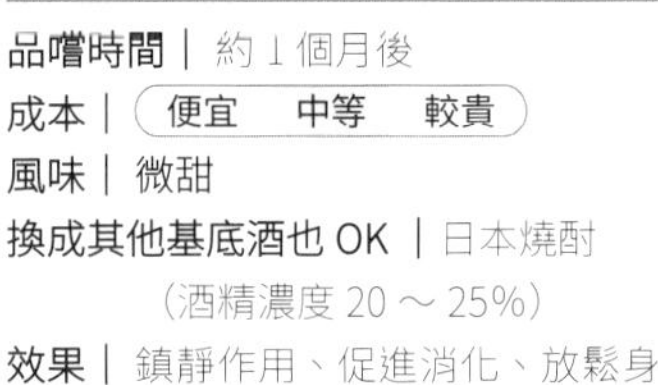

做法

1

將洋甘菊放入容器中，倒入日本酒。

2

1 個星期後取出洋甘菊，酒液需過濾。

新鮮菊花酒

食用菊花是苦味降低、花瓣加大的改良品種，用來浸泡酒類，
並非僅有些微苦味，它還帶有甘甜與獨特濃郁的香氣。
食用菊花有黃色、白色和紅紫色等多種顏色，可依個人喜好選用。

建議容器與材料

保存容器	800 毫升
黃色食用菊花	80 公克
甲類燒酎	420 毫升

DATA

品嚐時間｜約 2 個月後
成本｜便宜　中等　較貴
風味｜微甜與苦
換成其他基底酒也 OK｜伏特加
效果｜舒緩眼睛疲勞、鎮痛、放鬆身心、抗氧化、抗發炎

選擇材料・浸泡時間

雖然全年都能買到，但產季是 10～12 月，這時的菊花香氣充足，最適合浸泡酒類。可選擇花瓣顏色鮮艷、不枯萎，外型優美的製作。

註 台灣杭菊產季為每年 11～12 月，產區為苗栗銅鑼及台東卑南，可購得新鮮的杭菊。

品嚐・風味

除了常溫時直接飲用約 20 毫升的分量，也可以兌開水喝。

MEMO 在中國，從 2000 多年前就開始栽種當作藥用，多用於生藥、菊花茶而廣受大家喜愛。從營養學來看，它含有豐富的維生素 B1、B2、E 和鐵、鉀等營養素。

2 個月後

1 個星期後

當天

做法

1

食用菊花洗淨，用廚房紙巾擦乾。

2

將食用菊花放入容器中，倒入燒酎。因為菊花會浮起，將保鮮膜輕揉抓皺，平鋪覆蓋於液體表面，蓋上蓋子。

3

1 個星期後取出食用菊花，酒液需過濾。

乾燥菊花酒

許多人因為中國茶中的菊花茶而認識乾燥菊花。它也被當作中藥使用，可清熱，並且具有排出體內多餘廢物的功效。花瓣為白色，但浸泡後的酒液呈清透的淡黃色。酒液飄散著香甜味，品嚐些許，可以撫慰身體和心靈。

建議容器與材料

保存容器	800 毫升
乾燥菊花	8 公克
冰糖	10 公克
日本燒酎（酒精成分 25%以上）	480 毫升

DATA

品嚐時間｜約 2 個月後

成本｜便宜　中等　較貴

風味｜甘甜中微苦

換成其他基底酒也 OK｜伏特加

效果｜舒緩眼睛疲勞、鎮痛、放鬆身心、抗氧化、抗發炎

選擇材料・浸泡時間

在日本，可以買到。乾燥菊花在中華街的中國食品店季節，只要買到，隨時都能製作。由於經過乾燥處理，不管哪個

註 台灣乾燥的杭菊全年皆可在中藥行買到。

品嚐・風味

可以加入水，品嚐柔和的甘甜味，或是兌熱水喝，也是不錯的選擇。

MEMO 在中國，最常用於藥用的乾燥菊花，是小朵白色的「杭菊」；在日本，用青森縣產的菊花拔下花瓣，拿去蒸熟、曬乾製成的「乾菊」，則比較有名。

1 個月後

1 個星期後

當天

做法

1

將菊花、冰糖放入容器中，倒入燒酎。

2

1 個星期後取出菊花，酒液需過濾。

金木犀酒

在日本，時序進入秋天，每一處的空氣中，都飄散著金木犀的花香。
將金木犀的花朵摘下再曬乾，就成了桂花。這款以燒酎為基酒的金木犀酒，
酒液呈閃亮的稻草色，散發微甜水果的香氣，能療癒疲憊的身心靈。

選擇材料・浸泡時間

可以在專賣中國食材的店中購得。因為是乾燥食材，隨時都能浸泡酒類。

註 台灣甚少見到金桂，多是普通的桂花，乾燥桂花在一般中藥行或迪化街都可以買到。

品嚐・風味

直接喝或加入冰塊、熱水飲用，都能品嚐到金木犀特有的香甜風味。此外，也可以加入葡萄柚汁、梅酒享用。

■ 建議容器與材料

保存容器	800 毫升
乾燥金木犀	15 公克
日本燒酎（酒精成分 25%）	450 毫升

■ DATA

品嚐時間｜約 1 個月後
成本｜便宜　中等　較貴
風味｜微甜
換成其他基底酒也 OK｜
2/3 甲類燒酎＋ 1/3 白酒
效果｜抗氧化、抗發炎、改善低血壓、改善失眠、放鬆身心、美肌

MEMO 金木犀的開花期是 8 ～ 9 月。在日本，適合在關東地方以西的地區栽種，在北海道、東北地方的北部幾乎看不到。

1 個月後

1 個星期後

當天

做法

1

將金木犀放入容器中，倒入燒酎。

2

1 個星期後取出金木犀，酒液需過濾。

茉莉花酒

茉莉花多用在中國茶、香水。
這款茉莉花酒的配方，是在基底的燒酎中添加白酒。
在茉莉花溫和高雅的芳香中加入白酒，使得後味能感受到清爽滋味。

建議容器與材料

保存容器	800 毫升
乾燥茉莉花	10 公克
白酒	150 毫升
甲類燒酎	340 毫升

DATA

品嚐時間｜約 1 個月後

成本｜便宜　中等　較貴

風味｜柔和、微甜

換成其他基底酒也 OK｜
日本酒和日本燒酎
（酒精成分皆為 20 ～ 25%以上）

效果｜抗菌作用、鎮痛、調整荷爾蒙、安定神經、美肌

選擇材料・浸泡時間

可以在香草植物店中買到，無關季節，隨時都能買來浸泡酒類。

註 在台灣，一般花草茶專賣店、迪化街等，都可以買到乾燥的茉莉花。

品嚐・風味

如果兌開水或氣泡水，則口感清爽不膩。此外，也可以加入冰茶、蘋果醋飲用。

MEMO 由於茉莉花中含有豐富的礦物質和維生素，飲用後不僅爽口不膩，而且能疏通腸胃，有助於消化。

做法

1

將茉莉花放入容器中，倒入白酒、燒酎。

2

1 個星期後取出茉莉花，酒液需過濾。

1 個月後

1 個星期後

當天

鼠尾草酒

自古以來，鼠尾草被視為對萬病有效的草藥，能提升免疫力。
在香草植物中也是香氣濃郁的，所以和香腸、漢堡等肉類料理十分搭配。
新鮮葉片可以放入油、醋和酒中浸泡，使香氣融入其中。

選擇材料・浸泡時間

收穫期是4～10月。可選擇葉片有彈性且肥厚的。

註 若在台灣想要購得新鮮的鼠尾草，可以在百貨公司超市找找；或是到花市購買盆栽，在自家種植。

品嚐・風味

加入熱水飲用，能使人安定心神。也可以當作料理酒，與可以誘出鼠尾草風味的簡單調味料理是絕配。

MEMO 由於味道和樟腦相似，剛飲用時可能會有點嚇到，不過飲用鼠尾草酒，具有安定神經的效果，用來烹調料理，則能瞬間提升風味。

■ 建議容器與材料

保存容器	500 毫升
新鮮鼠尾草	10 公克
冰糖	25 公克
甲類燒酎	460 毫升

■ DATA

品嚐時間｜約 1 個月後
成本｜便宜　中等　較貴
風味｜甜後微苦
換成其他基底酒也 OK｜白蘭地、伏特加
效果｜強身健體、抗菌作用、促進消化、緩和更年期障礙、安定神經、美肌

1 個月後

1 個星期後

當天

做法

1
盆子中裝滿水，放入鼠尾草，以流動的水清洗，再用廚房紙巾擦乾。

2
將鼠尾草、冰糖放入容器中，倒入燒酎。

3
2 個星期後取出鼠尾草。

金魚草酒

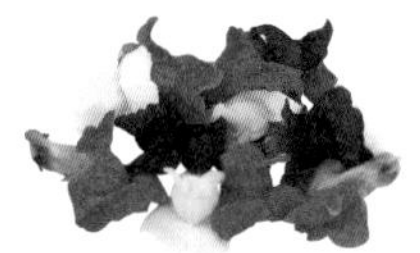

金魚草（龍口花）有著翩翩起舞的花瓣，富含維生素 C。
這款酒使用了五顏六色且豐富的食用花，再添加冰糖與蜂蜜浸泡而成。
味道與香氣都很淡，口感清爽。

建議容器與材料

保存容器	500 毫升
金魚草	12 公克
冰糖	20 公克
蜂蜜	10 公克
甲類燒酎	270 毫升

選擇材料・浸泡時間

務必選用食用花製作。採收期約在10～翌年5月，由於金魚草首重新鮮，建議選購顏色鮮艷、花瓣具有彈性的，而且買回家之後要盡快製作。

註 若在台灣想要購得新鮮的金魚草，可以在百貨公司超市找找；或是到花市購買盆栽，在自家種植。

品嚐・風味

常溫時直接飲用約20毫升的分量。這款酒微甜的滋味，很適合加入冰茶、薑汁汽水飲用。

DATA

品嚐時間｜約 1 個月後
成本｜便宜　中等　較貴
風味｜甜後微苦
換成其他基底酒也 OK｜白蘭地
效果｜緩解疲勞、修護皮膚黏膜、血液凝固作用、安定神經、美肌

MEMO 金魚草因外型可愛，很常用在沙拉或甜點的裝飾。此外，因為耐熱，也可以裝飾炒類料理或湯品。

做法

1

將金魚草、冰糖和蜂蜜放入容器中，倒入燒酎。

2

2 個星期後取出金魚草，酒液需過濾。

1 個月後

1 個星期後

當天

新鮮百里香酒

早在古希臘、羅馬時代，人們便非常喜愛百里香的香氣。百里香酒被當作萬能的料理酒，用來烹調各種料理，其中最適合的是需長時間燉煮的肉類料理。此外，因為本身優異的抗菌、防腐效果，具有高保存性。

選擇材料・浸泡時間

由於全年都買得到，所以任何時間都能浸泡，不過採收期5～10月的百里香最美味。建議選用香氣清爽、採收期時採摘的百里香製作。

註 若在台灣想要購得新鮮的百里香，可以在百貨公司超市找找；或是到花市購買盆栽，在自家種植。

品嚐・風味

可以靈活運用在烹調魚或肉的燉煮料理或湯品。如果想要飲用，可以兌開水或熱水品嚐。

建議容器與材料

保存容器	800 毫升
新鮮百里香	10 公克
月桂葉	1 片
冰糖	10 公克
甲類燒酎	480 毫升

DATA

品嚐時間｜約 2 個月後
成本｜（便宜　中等　較貴）
風味｜強烈的甜與苦味
換成其他基底酒也 OK｜白蘭地
效果｜抗菌作用、防腐作用、緩解疲勞、促進消化、止咳效果、鎮痛

MEMO 百里香的香味成分源自於百里酚（Thymol）和香芹酚（Carvacrol），即使加熱，風味也不會流失，很適合烹調燉煮類料理。

2 個月後

1 個星期後

當天

做法

1

盆子中裝滿水，放入百里香，以微弱流動的水輕輕地清洗，用廚房紙巾擦乾，再切成 10 公分長。

2

將百里香、月桂葉和冰糖放入容器中，倒入燒酎。

3

1 個月後取出百里香、月桂葉。

乾燥百里香酒

在眾多香草植物中，百里香是抗菌功效最強的。
百里香（Thyme）一字，源自於希臘語的「Thyo」（美好的香氣）。
這裡使用了乾燥的百里香浸泡酒類，相較於使用新鮮百里香，浸泡時間更短。

■ 建議容器與材料

保存容器	800 毫升
乾燥百里香	20 公克
白酒	150 毫升
甲類燒酎	330 毫升

■ DATA

品嚐時間｜約 1 個月後
成本｜便宜　中等　較貴
風味｜百里香獨特強烈的風味
換成其他基底酒也 OK｜
日本燒酎（酒精成分 25%）
效果｜抗菌作用、防腐作用、緩解疲勞、促進消化、止咳效果、鎮痛

選擇材料・浸泡時間

乾燥百里香隨時都能買到，但購買時，盡量避免買到臨近賞味期限的。浸泡酒類時，熟成時間越長越好。

註 可在花市購得百里香，在自家種植，再以乾燥機烘乾即可；或是在花草茶專賣店、迪化街可購得乾燥的百里香。

品嚐・風味

加入薑汁汽水飲用，更能凸顯出嗆辣風味。此外，若將百里香酒用在烹調紙包烤白肉魚、煎白肉魚和炸白肉魚等法式料理，更能提升風味。

MEMO 據說在古埃及，百里香是用於製作木乃伊時的防腐劑，它的抗菌、防腐功效相當出色。

做法

1

將百里香放入容器中，倒入白酒、燒酎。

2

1 個月後取出百里香，酒液需過濾。

1 個月後

1 個星期後

當天

西洋蒲公英酒

西洋蒲公英（Dandelion）經過烘焙過的根，香氣宜人，
近來因製作無咖啡因的「西洋蒲公英」咖啡而受到矚目。
它具有促進排出體內毒素、老廢物的解毒作用，用來製作酒類，能品嚐到獨特的甘甜。

選擇材料・浸泡時間

不論台灣或日本，都可以在販售香草植物的店家，或是網路商店購買。

品嚐・風味

兌熱水飲用，能享受香草茶的風味。此外，加入牛奶品嚐，口感會更醇厚且柔和。

■ 建議容器與材料

保存容器 500 毫升
乾燥西洋蒲公英根 25 公克
日本燒酎（酒精成分 25%）
475 毫升

■ DATA

品嚐時間｜約 1 個月後
成本｜便宜　中等　較貴
風味｜獨特的甘甜
換成其他基底酒也 OK｜
黑蘭姆酒、白蘭地
效果｜解毒作用、利尿、促進消化、促進食慾、美肌

MEMO 西洋蒲公英含有大量的維生素、鐵和鉀等營養素，在歐洲有「天然的藥局」之稱，是具有高效能的香草之一。

1 個月後

1 個星期後

當天

做法

1
將西洋蒲公英根放入容器中，倒入燒酎。

2
1 個月後取出西洋蒲公英根，酒液需過濾。

蒔蘿酒

蒔蘿有「魚之香草」之稱，與煙燻鮭魚、鯡魚等魚肉料理是最佳拍檔。
和新鮮的蒔蘿一樣，蒔蘿酒也會散發出清爽的幽香。其香味成分的香芹酮（Carvone）、檸檬烯（Limonene），還具有增進食慾、促進消化等功用。

■ 建議容器與材料

保存容器	800 毫升
新鮮蒔蘿	20 公克
冰糖	10 公克
甲類燒酎	470 毫升

■ DATA

品嚐時間｜約 1 個月後
成本｜便宜　中等　較貴
風味｜清爽的香氣、強烈的甜味
換成其他基底酒也 OK｜白蘭地
效果｜促進食慾、促進消化、鎮靜作用、利尿、改善失眠

選擇材料・浸泡時間

選擇鮮綠色、剛採摘的新鮮香草。全年皆有採收。

品嚐・風味

缺乏食慾時，可在蒔蘿酒中兌入水或氣泡水（也可依個人喜好加入檸檬汁）飲用，清爽的滋味能促進食慾。用在烹飪時，除了加在煙燻鮭魚沙拉、法式嫩煎白肉魚排等魚肉料理之外，也可為醃漬蔬菜、義式生牛肉薄片等增添風味。

MEMO 蒔蘿的莖、花和種子等，都具有柔和且令人神清氣爽的香氣。所以全株都與醋很搭，多用在酸味料理之中。

做法

1

盆子中裝滿水，放入蒔蘿，再以流動的水充分洗淨，用廚房紙巾擦乾。

2

將蒔蘿、冰糖放入容器中，倒入燒酎。

3

2 個星期後取出蒔蘿，酒液需過濾。

1 個月後

1 個星期後

當天

乾燥薄荷酒

使用乾燥薄荷，遠比新鮮薄荷更能充分釋出薄荷的精華。
飲用乾燥薄荷浸泡的酒，能完全感受到薄荷的清涼快感。
這個配方中混合了白酒和燒酎，增添微酸與甘甜風味。

■ 建議容器與材料

保存容器	800 毫升
乾燥薄荷	10 公克
冰糖	20 公克
白酒	150 毫升
甲類燒酎	320 毫升

■ DATA

品嚐時間｜約 1 個月後

成本｜便宜　中等　較貴

風味｜柔和的甜味

換成其他基底酒也 OK｜伏特加、琴酒

效果｜抗菌作用、利尿、促進消化、放鬆身心、改善失眠

選擇材料・浸泡時間

即使是乾燥植物，它的新鮮度同等重要。乾燥後賞味期限延長了，但仍建議趁香氣濃郁時浸泡酒類。此外，全年皆可製作，所有種類的乾燥薄荷都能使用。

註 台灣在一般中藥行、花草茶專賣店、迪化街等地，都可以購得。

品嚐・風味

加入氣泡水、冰茶飲用，倍感清涼，最適合在炎熱的夏天享用。

MEMO 乾燥薄荷因為具有消臭、抗菌和防蟲等效果，除了食用之外，也製成香草香氛包放在鞋盒裡，或是當成入浴劑使用。

做法

1

將乾燥薄荷、冰糖放入容器中，倒入白酒、燒酎。

2

2 個星期後取出乾燥薄荷，酒液需過濾。

1 個月後

1 個星期後

當天

乾燥迷迭香酒

相較於新鮮的迷迭香，使用乾燥的迷迭香更能縮短浸泡的時間。
迷迭香的香氣很濃郁，但因為加入了紅酒，口感變得圓潤豐富。
此外，由於配方中的紅酒效果，加入酒類料理中，能提升美味。

建議容器與材料

保存容器	500 毫升
乾燥迷迭香	20 公克
紅酒	150 毫升
甲類燒酎	330 毫升

DATA

品嚐時間｜約 1 個月後
成本｜便宜　中等　較貴
風味｜圓潤豐富
換成其他基底酒也 OK｜
白蘭地、伏特加
效果｜強身健體、抗菌作用、促進血液循環、安定神經、促進消化、抗氧化、美肌

選擇材料・浸泡時間

這裡使用了乾燥的迷迭香，所以隨時都能製作。選擇香氣還濃郁的迷迭香浸泡為佳。

註 在台灣於一般香草茶專賣店、迪化街等地都可購得。

品嚐・風味

用作藥酒，常溫時直接飲用約20毫升的分量。香味強烈的迷迭香酒，與清爽的氣泡水風味相合，再者配方中加入了紅酒，所以與肉類料理是極佳的搭配。

MEMO 不僅是乾燥的迷迭香，只要是用乾燥的香草浸泡酒類，就可以防止變質，並且更容易釋出精華。

1 個月後

1 個星期後

當天

做法

1

將乾燥迷迭香放入容器中，倒入紅酒、燒酎。

2

2 個星期後取出乾燥迷迭香，酒液需過濾。

細葉芹酒

細葉芹（山蘿蔔葉）在歐洲有「美食家的巴西里」之稱，廣泛應用於蛋糕、沙拉和湯品等的裝飾。它的味道不明顯，但浸泡酒類之後能釋放出甘甜。此外，也時常運用在烹調。

選擇材料・浸泡時間

3～6月、9～10月是採收期。可選擇顏色鮮艷，散發香氣的細葉芹製作。

品嚐・風味

將細葉芹酒與柑橘類果汁或「綠檸檬酒」（參照P.49）混合，酸甜融合，能使風味提升。搭配氣泡水也很適合。此外，也可以當作肉類、魚類料理的醬汁，或是蛋包飯、沙拉醬汁等提味的秘方。

建議容器與材料

保存容器	800毫升
新鮮細葉芹	15～30公克
冰糖	20公克
甲類燒酎	465毫升

DATA

品嚐時間｜約2個月後

成本｜便宜　中等　較貴

風味｜甘甜後細葉芹特有的清香

換成其他基底酒也OK｜伏特加、琴酒

效果｜緩解疲勞、抗氧化、促進消化、促進血液循環、預防生活習慣病、美肌

MEMO 細葉芹較無草味，可以生食。因為富含胡蘿蔔素、維生素、鐵和鎂等營養素，具有強化免疫力的作用。

2個月後

1個星期後

當天

做法

1

盆子中裝滿水，放入細葉芹，再以流動的水充分洗淨，用廚房紙巾擦乾。

2

將細葉芹、冰糖放入容器中，倒入燒酎。

3

2個星期後取出細葉芹，酒液需過濾。

問荊酒

一到春天，問荊就從日本各地的地下莖冒出地上，是生命力極強的野草。
問荊又叫筆頭菜，在日本也叫杉菜。問荊酒微苦且具有草香，
富含礦物質等營養成分。可以當作藥酒飲用。

選擇材料・浸泡時間

問荊的採收期大約在3～4月，不過若使用乾燥的問荊浸泡酒類，隨時都能製作。

品嚐・風味

直接喝的話略感苦味，可以試著加入少量薑汁汽水、牛奶，品嚐時更順口。

■ 建議容器與材料

保存容器	800 毫升
乾燥問荊	10 公克
日本燒酎（酒精成分 25%）	490 毫升

■ DATA

品嚐時間｜約 1 個月後
成本｜（便宜　中等　較貴）
風味｜野草獨特的微苦
換成其他基底酒也 OK｜白蘭地
效果｜殺菌作用、促進血液循環、燃燒脂肪、放鬆身心、舒緩水腫、美肌

MEMO 問荊含有大量來自植物界的生物鹼（Alkaloid）這種有毒的有機化合物，少量食用無妨，要避免每天多量攝取。

做法

1
將乾燥問荊放入容器中，倒入燒酎。

2
2 個星期後取出乾燥問荊，酒液需過濾。

1 個月後

1 個星期後

當天

日本茴香酒

日本茴香（鱗莖部分不太大，是細長形狀的棒狀茴香）是依據日本人喜好，將義大利茴香改良品種後而成。可以當作藥酒，無草味所以好入口，並且散發清爽的香味。它的香味成分具有促進消化、健胃和除臭效果。

建議容器與材料

保存容器	800 毫升
日本茴香	80 公克
	（葉 20 公克、莖 60 公克）
甲類燒酎	420 毫升

DATA

品嚐時間｜約 2 個月後
成本｜便宜　中等　較貴
風味｜清爽無草味
換成其他基底酒也 OK｜伏特加
效果｜健胃、促進消化、除臭作用、預防高血壓、利尿、舒緩水腫

選擇材料・浸泡時間

莖部到葉尖很挺直、葉子水嫩、黃綠色的代表新鮮，若變成黃色表示不新鮮了。一般 3～5 月、7～11 月可以買到。

品嚐・風味

由於味道和香氣不明顯，單純加入水、氣泡水，或是與果汁、果實酒混合飲用亦可。

MEMO 日本茴香在新鮮時浸泡入酒中，不僅能防止腐敗，而且隨著時間越長會更熟成。

做法

1

盆子中裝滿水，放入日本茴香，再以流動的水充分洗淨，用廚房紙巾擦乾。

2

將日本茴香放入容器中，倒入燒酎。

3

1 個月後取出日本茴香，酒液需過濾。

1 個月後

1 個星期後

當天

香薄荷酒

香薄荷（綠薄荷）常用於牙膏和口香糖的香氣。用來浸泡酒，會散發柔和的香氣。
這款酒因加入了冰糖而口感微甜，但入口後會有一股淨爽清涼蔓延開來。
此外，香薄荷還具有抗菌作用和促進消化的效果。

■ 建議容器與材料

保存容器	800 毫升
新鮮香薄荷	10～30 公克
檸檬	1/2 個
冰糖	20 公克
甲類燒酎	420 毫升

■ DATA

品嚐時間｜約 1 個月後

成本｜便宜　中等　較貴

風味｜甘甜後清爽

換成其他基底酒也 OK｜琴酒

效果｜抗菌作用、防蟲效果、鎮靜皮膚炎、促進消化、放鬆身心

選擇材料・浸泡時間

建議使用香氣濃郁、葉片為綠色，並且鮮嫩有彈性的香薄荷。6～9月採收量最多。

品嚐・風味

加入水、熱水或氣泡水飲用，都能感受到清爽的香氣與入喉暢快的沁涼感。

MEMO 在 600 種以上的薄荷品種中，混合了清爽香氣與淡淡甜味的香薄荷，正是它獨特迷人之處。

1 個月後

1 個星期後

當天

做法

1

盆子中裝滿水，放入香薄荷，再以流動的水仔細洗淨，用廚房紙巾擦乾。

2

檸檬洗淨，連皮橫切成 0.5 公分寬的圓片。

3

將香薄荷、檸檬和冰糖放入容器中，倒入燒酎。

4

2 個星期後取出香薄荷和檸檬，酒液需過濾。

乾燥牛蒡酒

在日本，牛蒡（Burdock）屬於蔬菜，被廣泛應用於烹飪料理中；但在其他國家，則被視為具有利尿作用的草藥。以牛蒡製作的牛蒡酒，具有獨特的土味與樸實的香氣。此外，這款酒富含水溶性食物纖維。

建議容器與材料

保存容器	500 毫升
乾燥牛蒡碎	30 公克
日本燒酎（酒精成分 25%）	470 毫升

DATA

品嚐時間｜約 1 個月後
成本｜便宜　中等　較貴
風味｜牛蒡味顯著、天然的甜味
換成其他基底酒也 OK｜伏特加
效果｜解毒作用、消除便秘、利尿、抗菌作用、淨化血液

選擇材料・浸泡時間

因為經過乾燥處理，所以隨時都能浸泡酒類。

註 在台灣可以在迪化街或網路上找到牛蒡乾。

品嚐・風味

兌開水、熱水就很好喝，但沒想到加入牛奶和熱牛奶，口感意外地圓潤。

MEMO 食用牛蒡的國家非常少，在中國、歐洲等地則有用作生藥的歷史。

做法

1. 將乾燥牛蒡碎放入容器中，倒入燒酎。
2. 1 個月後取出乾燥牛蒡碎，酒液需過濾。

1 個月後

1 個星期後

當天

乾燥洛神花酒

據說古埃及女王克麗奧佩特拉也飲用洛神花茶。
洛神花含有大量養顏美容不可缺的維生素 C。
這款洛神花酒除了酸味，還能讓人同時享受華麗的顏色與微甜風味。

■ 建議容器與材料

保存容器	800 毫升
食用乾燥洛神花	20 公克
檸檬	1/2 個
冰糖	30 公克
甲類燒酎	430 毫升

■ DATA

品嚐時間｜約 2 個月後
成本｜便宜　中等　較貴
風味｜酸甜
換成其他基底酒也 OK｜泡盛、白蘭地
效果｜緩解疲勞、舒緩眼睛疲勞、利尿、美肌、消除便秘、降低膽固醇

選擇材料・浸泡時間

經過乾燥處理後雖然不限制浸泡時間，但食材的新鮮度仍舊非常重要。建議選購剛乾燥加工完成，鮮紅色的乾燥洛神花。

註 每年秋末冬初是台灣洛神花產季，可自行烘乾或者在中藥行、迪化街等地購得。

品嚐・風味

加入少量的啤酒、高球雞尾酒（Highball），享受瞬間變成華美紅色、飄散香氣的洛神花酒。

MEMO 洛神花不含咖啡因，最適合睡前飲用以放鬆身心。

當天

做法

1

乾燥洛神花可能沾附些許髒汙與灰塵，可以淋入適量燒酎（材料量之外），篩掉髒汙與灰塵。

2

檸檬洗淨，連皮橫切約 0.5 公分厚的圓片。

3

將冰糖、乾燥洛神花和檸檬放入容器中，倒入燒酎。

羅勒酒

羅勒是義式料理中最常見的香草，但在原產地印度，
被當作可鎮定精神、提升精力的健身品而相當珍貴。
羅勒有許多品種，本書中的酒使用的是甜羅勒，可充分釋出精華。

選擇材料・浸泡時間

採收季是7~8月。建議選擇葉片顏色鮮綠，且具有彈性的來浸泡酒類。

註 台灣可以在大型百貨超市購得新鮮羅勒，或是到花市購買，自行在家種植培養。

品嚐・風味

當作藥酒飲用時，常溫時直接飲用約20毫升的分量。羅勒與蕃茄是絕配，可以為蕃茄醬汁提味，使料理更可口。此外，也能加入沙拉醬、油醋醬汁中增添風味。

建議容器與材料

保存容器	500 毫升
新鮮羅勒	30 公克
甲類燒酎	470 毫升

DATA

品嚐時間｜約 1 個月後

成本｜便宜　中等　較貴

風味｜微辣、微澀

換成其他基底酒也 OK｜伏特加

效果｜抗菌作用、解熱作用、促進消化、鎮靜作用、安定神經、促進食慾、抗過敏作用

MEMO 從羅勒種子就能簡單、成功地栽種，並且長期享受收穫的樂趣，是很推薦在自家庭院栽培的香草植物。

做法

1

盆子中裝滿水，放入羅勒，再以流動的水仔細洗淨，用廚房紙巾擦乾。

2

將羅勒放入容器中，倒入燒酎。

3

2 個星期後取出羅勒。

1 個月後

1 個星期後

當天

玫瑰花酒

以雍容優雅的玫瑰花製作的酒，仍舊華麗無比。玫瑰花酒的味道溫和不強烈，卻散發出高雅的甜香。據說玫瑰花酒的香氣，能緩解不安與恐懼的情緒。不妨把完成的玫瑰花酒當作祝賀禮，送給愛酒的人，對方一定會很開心。

■ 建議容器與材料

保存容器	800 毫升
乾燥玫瑰花（泡茶用）	20 公克
日本燒酎（酒精成分 25%）	480 毫升

■ DATA

品嚐時間｜約 1 個月後

成本｜便宜　中等　較貴

風味｜微甜

換成其他基底酒也 OK｜白蘭地

效果｜強身健體、消除便秘、提升免疫力、鎮靜作用、緩和更年期障礙、美肌

選擇材料・浸泡時間

玫瑰花有粉紅、紅和藍等多種顏色，建議選擇顏色鮮艷、香氣優雅的花朵。使用乾燥玫瑰花的話，隨時都能製作。

註 台灣甚少有新鮮可食用的玫瑰花，乾燥的玫瑰花則可在花草茶店及迪化街等地購得。

品嚐・風味

加入開水、熱水和氣泡水飲用，可以盡情品嚐玫瑰花的高雅芳香。

MEMO 相傳在古羅馬，食用玫瑰花可以帶來幸福，連古埃及女王克麗奧佩特拉都特別喜愛。

1 個月後

1 個星期後

當天

做法

1

將玫瑰花放入容器中，倒入燒酎。如果玫瑰花浮起來，可將保鮮膜輕揉抓皺，平鋪覆蓋於液體表面，蓋上蓋子。

2

2 個星期後取出玫瑰花。

三色堇酒

三色堇是可食用的花卉，比起觀賞用的三色堇稍微小朵，
但顏色都很鮮豔。「三色堇酒」沒有草味，帶有少許甜味和淡淡的花香，
飲用一杯，可以使身心放鬆。

建議容器與材料

保存容器	500 毫升
食用三色堇	10 公克
冰糖	20 公克
甲類燒酎	270 毫升

DATA

品嚐時間｜約 1 個月後
成本｜便宜　中等　較貴
風味｜微甜
換成其他基底酒也 OK｜白蘭地
效果｜解毒作用、促進血液循環、抗發炎、美肌

選擇材料・浸泡時間

務必選用食用三色堇浸泡酒類。開花季是11～翌年6月。由於很快會失去新鮮度，建議購買剛採摘的鮮嫩花朵，並且盡快使用。

註 台灣可以在大型百貨超市購得新鮮三色堇，或是到花市購買，自行在家種植培養。

品嚐・風味

常溫時直接飲用約20毫升的分量，可品嚐到柔和的甘甜與香氣。此外，加入冰茶、薑汁汽水，也是不錯的喝法。

MEMO 三色堇如結球萵苣（美生菜）般風味清淡，而且含有豐富的維生素類。

做法

1

將三色堇及冰糖放入容器中，倒入燒酎。

2

2 個星期後取出三色堇，酒液需過濾。

1 個月後

1 個星期後

當天

藤花酒

藤花自古以來，便常出現在日本和歌、短歌之中。別名野田藤。
這款酒中加入冰糖提升甜度，更能感受到藤花的深層風味與香氣。
完成的藤花酒散發著沉靜的清香，酒液如琥珀般的顏色，高貴優雅。

建議容器與材料

保存容器	800 毫升
乾燥食用藤花	5 公克
冰糖	15 公克
日本燒酎（酒精成分 25%）	480 毫升

DATA

品嚐時間｜約 1 個月後
成本｜便宜　中等　較貴
風味｜冰糖的濃郁甜味
換成其他基底酒也 OK｜白蘭地
效果｜抗氧化、預防生活習慣病、預防癌症、美肌

選擇材料・浸泡時間

因為選用乾燥的藤花製作，所以整年都能在網路商店購買，隨時都能浸泡。

註 台灣紫藤花開季節為每年的2月底～4月初，可找相熟的花朵主人割愛些許紫藤花回家自行乾燥。

品嚐・風味

由於藤花酒帶有甜味與香氣，可以加入微澀的烏龍茶或冰茶調合，提升風味。

MEMO 時至 4～5 月，可愛美麗的藤花處處綻放，長長的花穗如瀑布般向下垂掛。在日本，從東北到九州地方，各地都有許多觀賞藤花的知名景點。

做法

1

將藤花、冰糖放入容器中，倒入燒酎。

2

1 個星期後取出藤花，酒液需過濾。

1 個月後

1 個星期後

當天

黑胡椒薄荷酒

放在鼻子下嗅聞，瞬間一股強烈的清涼撲鼻而來。
在這款黑胡椒薄荷酒中加了蜂蜜和冰糖，喝起來變得清爽甘甜。
酒液香氣明顯，但仍能感受到黑胡椒薄荷獨特的辣味，口感清新涼爽。

選擇材料・浸泡時間

選用整片葉子很挺直、水嫩的新鮮黑胡椒薄荷。雖然全年都買得到，但主要的採收季是6～9月。

註 可在花市購買黑胡椒薄荷盆栽，自行栽培使用。

品嚐・風味

簡單地加入開水、氣泡水，即可品嚐到柔和的甜味與辣味。

■ 建議容器與材料

保存容器	800 毫升
新鮮黑胡椒薄荷	5～20 公克
蜂蜜	1 大匙
冰糖	15 公克
甲類燒酎	465 毫升

■ DATA

品嚐時間｜約 2 個月後
成本｜便宜　中等　較貴
風味｜清爽甜味、辣味
換成其他基底酒也 OK｜琴酒
效果｜抗菌作用、利尿、預防花粉症、促進消化、放鬆身心

MEMO 黑胡椒薄荷在眾多薄荷的品種中，會散發出薄荷醇（Menthol）的濃郁香氣。因此，口香糖的香氣來源便是黑胡椒薄荷。

做法

1
盆子中裝滿水，放入黑胡椒薄荷，再以流動的水洗淨，用廚房紙巾擦乾。

2
將黑胡椒薄荷、蜂蜜和冰糖放入容器中，倒入燒酎。

3
2 個星期後取出黑胡椒薄荷。

2 個月後

1 個星期後

當天

藍錦葵酒

藍錦葵屬於多年生草本花卉，用來浸泡酒，一開始呈鮮明的藍色，漸漸變成澄澈的紫色，很快便能顏色融合。酒液散發些許野生的香氣，但入口時甜味很順口，後味則感受到微微苦味。

選擇材料・浸泡時間

由於是乾燥的材料，全年都能買來浸泡。不過，即使是乾燥材料，也會慢慢失去新鮮度，所以買回家後要盡快使用。

註 在台灣可於網路購得。

品嚐・風味

建議兌開水、熱水飲用。因為配方中沒有加入糖類，飲用時，可依個人喜好加入蜂蜜或砂糖。

■ 建議容器與材料

保存容器	800 毫升
乾燥藍錦葵	5 公克
日本燒酎（酒精成分 25%）	495 毫升

■ DATA

品嚐時間｜約 1 個月後

成本｜便宜 中等 較貴

風味｜甜與微苦

換成其他基底酒也 OK｜白蘭地、日本酒（酒精成分 20%）

效果｜抗氧化、利尿、消除便秘、預防腹瀉、抗發炎、舒緩眼睛疲勞

MEMO 比起風味，藍錦葵欣賞的重點在於顏色的變化。浸泡成香草茶時，茶湯從藍變成紫，再加入檸檬汁，則變成了粉紅色。

1 個月後

1 個星期後

當天

做法

1

將藍錦葵放入容器中，倒入燒酎。

2

1 個月後取出藍錦葵，酒液需過濾。

萬壽菊酒

萬壽菊總是在聖母瑪利亞的紀念日前後綻放，所以在歐美叫作「瑪利亞的黃金花」（Marigold）。萬壽菊酒的香氣不明顯，前味偏甜，後味轉苦，風味清淡。

■ 建議容器與材料

保存容器	800 毫升
乾燥萬壽菊	10 公克
蜂蜜	10 公克
日本燒酎（酒精成分 25%）	480 毫升

■ DATA

品嚐時間｜約 1 個月後

成本｜便宜　中等　較貴

風味｜甜味、苦味

換成其他基底酒也 OK｜白蘭地

效果｜抗菌作用、發汗作用、利尿、預防感冒、減輕經前症候群、修護皮膚黏膜

選擇材料・浸泡時間

由於以乾燥的材料浸泡，全年都能買來浸泡。即便是使用乾燥材料，仍需確認新鮮度與香氣。建議選擇香氣明顯、顏色鮮艷的使用。

註 在台灣可於網路購得。

品嚐・風味

兌開水或熱水，都能感受到甜與苦的滋味平衡。

1 個月後

當天

做法

1

將萬壽菊、蜂蜜放入容器中，倒入燒酎。

2

1 個星期後取出萬壽菊，酒液需過濾。

薰衣草酒

薰衣草（Lavender）一字源於拉丁文的「Lavare」，有「洗淨」之意。據說古羅馬人喜歡在沐浴或洗衣服時，加入香氣豐富的薰衣草。花酒中，風味與香氣淡薄的佔大多數，但薰衣草酒則散發濃郁華麗的香味，且具有放鬆身心的效果。

■ 建議容器與材料

保存容器	800 毫升
乾燥薰衣草	15 公克
冰糖	15 公克
日本燒酎（酒精成分 25%）	470 毫升

■ DATA

品嚐時間｜約 1 個月後

成本｜便宜　中等　較貴

風味｜甜味之後微苦

換成其他基底酒也 OK｜日本酒（酒精成分 20%以上）

效果｜緩解疲勞、殺菌作用、改善失眠、放鬆身心、緩解手腳冰冷、美肌

選擇材料・浸泡時間

請選擇顏色不暗沉、比較新鮮的乾燥薰衣草。此外，因為是乾燥的材料，可隨意選擇浸泡時間。

註 在台灣可於網路購得，或於花市購買新鮮盆栽，再自行乾燥使用。

品嚐・風味

常溫時直接飲用約20毫升的分量，能飽嚐薰衣草的濃厚香氣。此外，兌開水或熱水飲用亦可。

1 個月後

當天

做法

1

將薰衣草、冰糖放入容器中，倒入燒酎。

2

1 個星期後取出薰衣草，酒液需過濾。

檸檬香茅莖酒

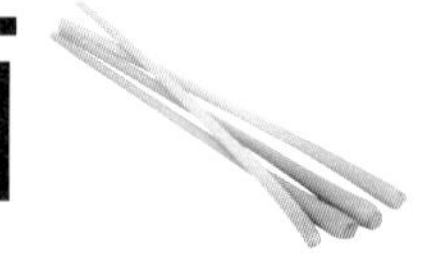

在泰國，通常不食用檸檬香茅葉，而是食用莖稈。
泰國的冬陰公湯和越南的米粉，多使用檸檬香茅的莖稈和根部。
比起檸檬香茅葉酒，以莖稈製作的酒，口感更爽快。

■ 建議容器與材料

保存容器	500 毫升
檸檬香茅莖稈	25 公克
冰糖	20 公克
甲類燒酎	455 毫升

■ DATA

品嚐時間｜約 2 個月後

成本｜（便宜　**中等**　較貴）

風味｜些許甜檸檬的香氣

換成其他基底酒也 OK｜伏特加、龍舌蘭

效果｜促進消化、預防貧血、抗菌作用、防蟲效果、安定神經、美肌

選擇材料・浸泡時間

盛產季是5~10月。可選擇根部切口較白的，如果呈棕色的話，代表不新鮮。

註 在台灣可於網路購得，或於花市購買新鮮盆栽，再自行乾燥使用。

品嚐・風味

加入冰塊、水和氣泡水，都能品嚐到檸檬香茅莖酒特別的酸味。

MEMO 檸檬香茅莖稈比較容易購得，建議買回家後，趁還新鮮切成數段，放入密封袋中，移入冰箱冷凍存放，可以長時間保存。

做法

1

將檸檬香茅莖稈輕輕擦洗，用廚房紙巾擦乾，再切成 5 ～ 6 公分長。

2

將檸檬香茅莖稈、冰糖放入容器中，倒入燒酎。

3

2 個月後取出檸檬香茅莖稈。

2 個月後　**1 個星期後**　**當天**

檸檬香茅葉酒

檸檬香茅有「亞洲的草藥」的美譽，葉片多用於香草茶，
尤其是疲倦時飲用，可使身心放鬆。此外，
檸檬香茅含有和檸檬一樣的芳香成分「檸檬醛」（Citral），但酸味較檸檬溫和。

建議容器與材料

保存容器	500 毫升
新鮮檸檬香茅葉	15 公克
蜂蜜	30 公克
甲類燒酎	455 毫升

DATA

品嚐時間｜約 2 個月後
成本｜便宜　中等　較貴
風味｜甜且清爽的檸檬味
換成其他基底酒也 OK｜伏特加、龍舌蘭
效果｜促進消化、預防貧血、抗菌作用、防蟲效果、安定神經、美肌

選擇材料・浸泡時間

盛產季是5～10月。可選擇根部切口較白的，如果呈棕色的話，代表不新鮮。

註 在台灣可於網路購得，或於花市購買新鮮盆栽使用。

品嚐・風味

加入冰塊、氣泡水和啤酒等，更凸顯這款酒如檸檬般的酸味。另外，由於和魚露、椰奶等風味相合，所以常加在綠咖哩、東南亞風味沙拉的醬汁中，以增添風味。

MEMO 乾燥的檸檬香茅葉較容易在市面上買到，但和新鮮的相比，清爽風味仍嫌不足。

做法

1

盆子中裝滿水，放入檸檬香茅葉，以流動微弱的冷水清洗，再用廚房紙巾擦乾。切掉上下變色的地方，再切成5～6公分長。

2

將檸檬香茅葉、蜂蜜放入容器中，倒入燒酎。

3

2 個月後取出檸檬香茅葉。

2 個月後

1 個星期後

當天

洛神花酒

通常用在製作洛神花茶。洛神花食用的是包著果實的紫紅色花萼和花苞。染成深粉紅色的洛神花酒，酸甜相映且具芳香。此外，因含有維生素 C 和檸檬酸，身體感到疲倦時不妨試試。

■ 建議容器與材料

保存容器	800 毫升
可生食洛神花	60 公克
冰糖	40 公克
甲類燒酎	400 毫升

■ DATA

品嚐時間｜約 1 個月後

成本｜（便宜　中等　較貴）

風味｜酸（較重）甜味

換成其他基底酒也 OK｜龍舌蘭

效果｜緩解疲勞、舒緩眼睛疲勞、利尿、消除便秘、預防腹瀉、美肌

選擇材料・浸泡時間

採收期是11～12月。趁剛採收最新鮮的時期購買，並且盡快開始浸泡。

註 每年秋末冬初是台灣洛神花產季。

品嚐・風味

當你感到疲倦時，可以在常溫時飲用約20毫升的分量。酸甜的洛神花酒很適合與氣泡水搭配；和乾燥洛神花酒（參照P.142）混合，風味亦佳。此外，若加入香草冰淇淋，就是成人風甜點囉！

做法

1

切掉洛神花的花萼，用筷子從切口刺入，推出果實。

2

盆子中裝滿水，放入洛神花的花萼和花苞，以流動的水清洗，去除內側的髒汙，再用廚房紙巾擦乾。

3

將洛神花的花萼、花苞、冰糖放入容器中，倒入燒酎。

4

2 個星期後取出洛神花的花萼、花苞，酒液需過濾。

MEMO 以洛神花製作的果醬，美味不可言喻。它的做法很簡單，先準備 100 公克洛神花、100 毫升水和細砂糖 50 公克，全部放入鍋中，煮至收汁且濃稠即完成。

1 個月後

1 個星期後

當天

玫瑰果酒

玫瑰果是玫瑰花的果實，玫瑰果酒則呈美麗的酒紅色。
玫瑰果有「維生素 C 寶庫」之稱，除了維生素 C，還富含多種維生素類營養。
品嚐玫瑰果酒，能充分享受水果的香氣，以及令人舒暢的酸與甜味。

選擇材料・浸泡時間

選購時，除了賞味期限，製造日期是否新鮮、香氣充足、顏色鮮艷等都是考慮的重點。全年都可以在香草專門店購得。

品嚐・風味

在檸檬的酸味中加入了冰糖、蜂蜜，直接飲用也很順口好喝。此外，兌開水、熱水或冰茶，皆有不同的風味。

MEMO 玫瑰果具有令人期待的消除便秘的效果，相對地，如果過量飲用會腹瀉，建議單次飲用約 20 毫升的分量。

建議容器與材料

保存容器	500 毫升
乾燥玫瑰果	30 公克
檸檬	1/2 個
蜂蜜	2 小匙
冰糖	30 公克
甲類燒酎	400 毫升

DATA

品嚐時間｜約 2 個月後
成本｜便宜　中等　較貴
風味｜水果的酸與甜味
換成其他基底酒也 OK｜白蘭地、威士忌
效果｜緩解疲勞、消除便秘、調整荷爾蒙、預防貧血、利尿、美肌

1 個月後

當天

做法

1

檸檬削除外皮，橫切約 1 公分厚的圓片。

2

將玫瑰果、檸檬、蜂蜜和冰糖放入容器中，倒入燒酎。

3

1 個月後取出玫瑰果、檸檬。

新鮮迷迭香酒

迷迭香散發和針葉樹相似的強烈香氣。它的芳香成分，具有強健身體、促進消化等效果，可以當作藥酒飲用。此外，也可以用在肉類料理烹調前的處理，把迷迭香酒撒在肉上面，可以去除異味，更添鮮美。

建議容器與材料

保存容器	800 毫升
新鮮迷迭香	15 公克
粉紅胡椒（依喜好可不加）	20 粒
冰糖	20 公克
甲類燒酎	455 毫升

DATA

品嚐時間｜約 2 個月後

成本｜便宜　中等　較貴

風味｜甜中略帶苦味

換成其他基底酒也 OK｜白蘭地、伏特加

效果｜強身健體、抗菌作用、促進血液循環、安定神經、促進消化、抗氧化、美肌

選擇材料・浸泡時間

選購時，以葉片較厚的為佳。不管季節，全年都可以購得。

註 在台灣，新鮮迷迭香在部分百貨公司超市能找到；或於花市購買盆栽自行栽種使用。

品嚐・風味

加入水、熱水、氣泡水，都能夠充分感受到迷迭香的香氣而放鬆身心。也可以用在烹調的料理酒，和大蒜酒（參照 P.106）或喜愛的果實酒一起使用，提升風味。

MEMO 以新鮮迷迭香煮香草茶，等迷迭香充分釋出味道後，繼續熬煮約 10 分鐘，過濾出湯汁，可以當作入浴劑使用。

1 個月後

1 個星期後

當天

做法

1

將迷迭香洗淨，擦乾。切掉變色或受傷的地方。

2

將迷迭香、冰糖放和粉紅胡椒放入容器中，倒入燒酎。

第4章

茶葉酒

烏龍茶酒

烏龍茶中含的烏龍茶多酚（Polyphenol），能有效抑制脂肪的吸收，
使脂肪不易堆積，具有減重的效果。
將茶葉特有的風味轉移至燒酎中，品嚐烏龍茶燒酎。

■ 建議容器與材料

保存容器	500 毫升
烏龍茶茶葉	20 公克
日本燒酎（酒精成分 25%）	480 毫升

■ DATA

品嚐時間｜約 1 個月後
成本｜（便宜　中等　較貴）
風味｜苦味後有點澀
換成其他基底酒也 OK｜伏特加
效果｜降低膽固醇、抗氧化、抗菌作用、消除便秘、舒緩水腫、美肌

選擇材料・浸泡時間

烏龍茶中有分凍頂烏龍、東方美人和文山包種等各種類。每種茶葉都有各自的滋味與香氣，可依自己的喜好選用。

註 台灣各地盛產各式茶葉，可依個人喜愛購買製作。

品嚐・風味

基本上兌開水、熱水即可。也可以加入「水蜜桃酒」（參照 P.41）混合，再兌開水、熱水，增添了水蜜桃的華麗甜味與香氣，平時不喝酒的人也會喜愛。

MEMO 空腹時喝烏龍茶，烏龍茶中所含的咖啡因會刺激胃，導致腹瀉或腹痛。烏龍茶具有使口腔清爽的效果，所以建議飯後再飲用烏龍茶酒。

做法

1

將烏龍茶茶葉放入容器中，倒入燒酎。

2

1 個星期後取出烏龍茶茶葉。

1 個月後

1 個星期後

當天

可可酒

可可富含可可多酚，其含量甚至是紅酒所含多酚量的 2 倍以上。
在可可酒中加入蘭姆酒，使口感更豐富且順口。
喜歡甜味的人可在飲用時，加入適量的鮮奶油。

選擇材料・浸泡時間

這裡不可使用含糖可可粉，須選用純的無糖可可粉。可可粉在超市可購買，所以隨時都能製作。

註 台灣的烘焙材料行較易購得無糖可可粉。

品嚐・風味

可可與牛奶是絕佳組合。另外，加入熱水後再添加鮮奶油，可調製成柔和的甜味飲品。加入牛奶，則口感立刻變得順口溫和。

MEMO 中醫認為，可可有使「氣」圍繞全身的作用，而氣是維持生命的能量。這款可可酒很適合因「氣」不足導致低血壓或手腳冰冷，而有起床氣的人飲用。

■ 建議容器與材料

保存容器	500 毫升
可可粉	20 公克
黑蘭姆酒	100 毫升
日本燒酎（酒精成分 25%）	380 毫升

■ DATA

品嚐時間｜當天

成本｜便宜 中等 較貴

風味｜味道與香氣較淡，但能感受到蘭姆酒的風味。略有粉氣。

換成其他基底酒也 OK｜白蘭地

效果｜消除便秘、預防動脈硬化、緩解手腳冰冷、增強記憶力、預防失智症、安神助眠、美肌

2 個月後

1 個星期後

當天

做法

1

將可可粉放入容器中，倒入黑蘭姆酒、燒酎。

2

可可粉容易沉澱於容器底部，所以不時要搖晃一下。

日本山人參酒

屬於繖形科的多年生草本植物，在日本，野生於宮崎、大分和熊本等縣的高山地區。
因具有高藥效，又稱「日本山人参」，有日本的韓國人參之意。
這裡是以日本山人參茶的茶葉浸泡酒類，雖有些許苦味，但無青草味，很容易入口。

■ 建議容器與材料

保存容器	500 毫升
日本山人參茶茶葉	10 公克
日本燒酎（酒精成分 25%）	490 毫升

■ DATA

品嚐時間｜約 1 個月後

成本｜（便宜　中等　較貴）

風味｜草藥特有的苦味

換成其他基底酒也 OK｜伏特加

效果｜強身健體、促進血液循環、抑制過敏症狀、預防高血壓、降低膽固醇、利尿、放鬆身心、美肌

選擇材料・浸泡時間

日本山人參茶茶葉僅在九州的極少地區有製作，所以沒有流通於全國，可在網路上訂購。購買之後，趁風味未喪失，盡快浸泡。

品嚐・風味

加入薏仁茶、玄米茶可抑制苦味，更順口好喝。

MEMO 日本山人參的根是藥事法指定的醫藥品，所以無法購買，但是葉、莖也含有可匹敵根的豐富營養成分。浸泡酒類後取出的日本山人參茶葉，可以當作入浴劑再次使用。

做法

1

將日本山人參茶茶葉放入容器中，倒入燒酎。

2

2 個星期後取出日本山人參茶茶葉。

1 個月後

1 個星期後

當天

瑪黛茶酒

巴拉圭的瓜拉尼人認為瑪黛樹是能賜予活力、不可思議的樹木，因此開始飲用瑪黛茶。
南美人的飲食生活是以肉類為中心，為了彌補攝食蔬菜的不足而飲用，
所以有「可以喝的沙拉」之稱。它還富含維生素類、鐵和鋅等營養素。

建議容器與材料

保存容器	800 毫升
瑪黛茶茶葉	15 公克
日本燒酎（酒精成分 25%）	485 毫升

DATA

品嚐時間｜約 1 個月後

成本｜便宜　中等　較貴

風味｜微甘與澀味

換成其他基底酒也 OK｜伏特加

效果｜緩解疲勞、舒緩眼睛疲勞、促進血液循環、利尿、促進消化、美肌

選擇材料・浸泡時間

瑪黛茶有兩種，一種是如綠茶風味的綠瑪黛茶，另一種是具有香氣，烘焙後的瑪黛茶。這個配方是使用綠瑪黛茶，但也可依自己的喜好選擇另一種。此外，隨時都能開始浸泡。

品嚐・風味

建議兌開水、熱水享用。由於酒液微澀，可依喜好加入甜味料、牛奶或果實酒一起飲用。

MEMO 在日本，雖然喝瑪黛茶的人並不多，但它與咖啡、茶並稱，是世界三大飲料之一。

做法

1

將瑪黛茶茶葉放入容器中，倒入燒酎。

2

1 個星期後取出瑪黛茶茶葉。

1 個月後

1 個星期後

當天

辣木茶酒

辣木（Moringa）屬於辣木科植物，野生於熱帶、亞熱帶地區。
辣木的葉子有「奇蹟之樹」之稱，含有多達 90 種對健康、美容有益的營養成分。
用辣木泡酒，可以品嚐到細緻的甜與苦味。

■ 建議容器與材料

保存容器	500 毫升
辣木茶茶葉	15 公克
日本燒酎（酒精成分 25%）	485 毫升

■ DATA

品嚐時間｜約 1 個月後

成本｜便宜　中等　較貴

風味｜天然的甘甜與芳香的苦味

換成其他基底酒也 OK｜伏特加、泡盛

效果｜緩解疲勞、調整荷爾蒙、抗菌作用、預防貧血、消除便秘、改善失眠、美肌

選擇材料・浸泡時間

在日本，辣木茶在沖繩等地有製作，當中也有不灑農藥、不放添加物的產品。選購時除了賞味期限，要買剛製成的茶，並且一旦開封後，必須立刻使用，最新鮮的茶葉。

品嚐・風味

兌開水或熱水，能品嚐到辣木茶特有的甘甜與苦味。

MEMO 辣木不僅能帶來健康，更是能溫和對待地球的植物。它在生長過程中，吸收的二氧化碳量是一般植物的 20 倍之多。

1 個月後

1 個星期後

當天

做法

1

將辣木茶茶葉放入容器中，倒入燒酎。

2

1 個星期後取出辣木茶茶葉。

綠茶酒

浸泡綠茶酒，務必選用初夏的新茶，這是因為新茶不僅被視為吉祥如意的飲品，還含有大量氨基酸和維生素C，營養價值極高。此外，新茶也富含茶胺酸（L-Theanine）的甜味成分。請盡情享受以剛採摘的當季新茶浸泡的酒吧！

■ 建議容器與材料

保存容器	1公升
綠茶茶葉	50公克
日本燒酎（酒精成分25%）	750毫升

■ DATA

品嚐時間｜約1個月後

成本｜便宜　中等　較貴

風味｜綠茶特有的苦味中，隱約的甜味與微澀

換成其他基底酒也OK｜伏特加

效果｜緩解疲勞、降低膽固醇、預防感冒、預防生活習慣病、抗菌作用、抗氧化、預防蛀牙、預防失智症

選擇材料・浸泡時間

新茶依地區而有差異，大約是4月下旬～5月上旬採收。建議一買到新茶，要盡快浸泡酒類。如果想使用家裡已經有的茶葉浸泡，可選擇仍具風味的茶葉。

註 台灣綠茶種類多，可依個人喜愛選購。

品嚐・風味

兌開水或熱水，可細細品嚐到綠茶的甘、苦與澀融合後的風味。

MEMO 綠茶因含有大量的咖啡因，請避免在一天內大量飲用，或者睡前飲用。

做法

1

將綠茶茶葉放入容器中，倒入燒酎。

2

3天後取出綠茶茶葉。

1個月後　1個星期後　當天

南非國寶茶酒

這是南非特產的香草。南非國寶茶（博士茶）只有在瑟德堡山脈（Cederberg Mountains）才能栽種。當地的先住民稱它為「不老長壽茶」，於日常生活中極愛飲用，進而推廣到世界各地。不僅是茶，製成藥酒飲用，對維持身體健康也有助益。

■ 建議容器與材料

保存容器　500 毫升
南非國寶茶茶葉　20 公克
日本燒酎（酒精成分 25%）
480 毫升

■ DATA

品嚐時間｜約 1 個月後
成本｜（便宜　中等　較貴）
風味｜博士茶特有的微甜
換成其他基底酒也 OK｜伏特加
效果｜緩解手腳冰冷、抗氧化、舒緩過敏症狀、放鬆身心、美肌、預防貧血

選擇材料・浸泡時間

南非國寶茶茶葉在超市或網路都買得到，所以隨時都能浸泡，但要注意茶葉不可放太久，以免喪失風味，所以盡可能在賞味期限內浸泡。

品嚐・風味

兌開水或熱水能品嚐到最單純的風味，是最棒的飲用法。

MEMO 南非國寶茶含有鋅、礦物質和多酚等營養素。由於它不含咖啡因，也可以把南非國寶茶酒當作睡前的飲用茶。

1 個月後

1 個星期後

當天

做法

1

將南非國寶茶茶葉放入容器中，倒入燒酎。

2

1 個星期後取出南非國寶茶茶葉。

第5章

藥酒

紅辣椒酒

在中醫的說法，紅辣椒具有驅趕寒冷、改善消化不良和食慾不振，以及預防肥胖的效果。紅辣椒所含的辛辣成分辣椒素（Capsaicin），可以促進血液循環，幫助將醣類、脂質轉化成能量。此外，因辣度極高，不可當作飲用酒。

■ 建議容器與材料

保存容器	500 毫升
紅辣椒	25 公克
※ 若使用鷹爪辣椒則 20 公克	
甲類燒酎	475 毫升

■ DATA

品嚐時間｜約 1 個月後

成本｜便宜　中等　較貴

風味｜強烈辣味

換成其他基底酒也 OK｜伏特加、泡盛

效果｜促進血液循環、降低膽固醇、促進食慾、美肌、抗氧化、緩解疲勞、舒緩水腫

選擇材料・浸泡時間

8～10月是產季。選擇外皮光滑的辣椒。浸泡紅辣椒酒的過程中，可以一邊加入酒精，一邊取出使用。

註 台灣的辣椒全年生產，12～6月是盛產期。

品嚐・風味

當作料理酒或調味料使用，只要加入幾滴即可。因高血壓或更年期而容易臉紅的人，要特別控制飲用量。

1個月後　當天

做法

1

將紅辣椒洗淨後擦乾，放入容器中，倒入燒酎。

大茴香酒

大茴香（茴芹）的特色是柔和的香氣與甜味。它可以促進胃液分泌、幫助消化，因此很久以前，就被用在舒緩胃脹氣、消化不良和胃痛。在西班牙，人們習慣早餐時喝一口大茴香酒，以保持身體健康。

■ 建議容器與材料

保存容器	500 毫升
大茴香籽	30 公克
甲類燒酎	470 毫升

■ DATA

品嚐時間｜約 1 個月後

成本｜便宜　中等　較貴

風味｜柔和的甜味之後偏辣味

換成其他基底酒也 OK｜白蘭地、威士忌

效果｜促進消化、利尿、鎮痛、放鬆身心

選擇材料・浸泡時間

可以在超市或香料舖購買。不限時間，隨時都能浸泡酒類。

註 在台灣亦可網購取得。

品嚐・風味

常溫時直接飲用約20毫升的分量。也可加入冰塊（添加少許鮮奶油）、鳳梨汁和可樂飲用。

1個月後　當天

做法

1

將大茴香籽放入容器中，倒入燒酎。

茴香酒

茴香（甜茴香）的英文是「Fennel」，和 p.139 的日本茴香是同伴，由於本身具有健胃和促進消化的效果，是不可缺的醫藥品之一。茴香籽也常用於中藥中，可驅趕腹部的寒冷以及緩解疼痛。

■ 建議容器與材料

保存容器	500 毫升
茴香籽	30 公克
甲類燒酎	470 毫升

■ DATA

品嚐時間｜約 1 個月後

成本｜便宜　中等　較貴

風味｜甜味，獨特的草藥味

換成其他基底酒也 OK｜伏特加

效果｜健胃、促進消化、除臭作用、預防高血壓、利尿、舒緩水腫

選擇材料・浸泡時間

可在超市或網路商店購買，不限時間，隨時都能浸泡酒類。

註 在台灣亦可網購取得。

品嚐・風味

可以兌開水、熱水、氣泡水（可依喜好加入檸檬、蜂蜜）、扁實檸檬汁和啤酒飲用，也可以用在烹調燉煮料理或魚肉料理。

做法

1

將茴香籽放入容器中，倒入燒酎。

1 個月後

當天

薑黃酒

薑黃因能提升肝功能而受到大眾矚目。薑黃按開花的時間，分成春天開粉紅色花的「春薑黃」，以及秋天開白色花的「秋薑黃」。春薑黃對消化系統，秋薑黃對自律神經的疾病有效果。

■ 建議容器與材料

保存容器	800 毫升
新鮮薑黃	100 公克
甲類燒酎	400 毫升

■ DATA

品嚐時間｜約 3 個月後

成本｜便宜　中等　較貴

風味｜薑黃特有的辣味

換成其他基底酒也 OK｜白蘭地、伏特加

效果｜緩解疲勞、強身健體、健胃、促進消化、緩解生理痛、美肌

選擇材料・浸泡時間

10～11月是收成季節，不過，收成後若儲存起來，消費者整年都買得到。

註 在台灣也是一年四季皆可買到，產季為每年12月～隔年3月。

品嚐・風味

常溫時直接飲用約20毫升的分量。如果覺得難以入口，可加入冰塊、水或熱水飲用。也可以當作料理酒，加入咖哩等燉煮料理，使風味升級。

做法

1

將薑黃充分洗淨，橫切成 0.5 公分厚的薄片。

2

將薑黃放入容器中，倒入燒酎。

3 個月後

當天

葛根酒

葛根湯對感冒初期症狀有療效，其主要成分就是葛根。此外，據近年的研究報告指出，葛根有助於改善酒精成癮，食用葛根萃取物可使酒精攝取量大幅減少（減少飲酒量）。

■ 建議容器與材料

保存容器	800 毫升
葛根（切丁）	50 公克
冰糖	10 公克
黑蘭姆酒	440 毫升

■ DATA

品嚐時間｜約 1 個月後

成本｜（便宜　中等　較貴）

風味｜清甜

換成其他基底酒也 OK｜白蘭地、威士忌

效果｜緩解口渴、降低血糖、鎮痛、解熱作用、發汗作用

選擇材料・浸泡時間

在中藥房、韓國食材店或網路能買到葛根。不限時間，隨時都能浸泡酒類。

註 在台灣的各大中藥房，都可以買到葛根。請選擇信譽良好的中藥行購買。

品嚐・風味

常溫時直接飲用約20毫升的分量，或者加入冰塊、開水、熱水（可依喜好加入少量奶油）飲用。

1 個月後　當天

做法

1

將葛根、冰糖放入容器中，倒入黑蘭姆酒。

甘草酒

甘草根的甜度是砂糖的 50 倍，在日本，會用在釀造醬油、製作味噌的部分甜味劑。用作生藥時，常和其他許多中藥材搭配。此外，「甘草湯」對於喉嚨疼痛、劇烈咳嗽有療效。

■ 建議容器與材料

保存容器	800 毫升
甘草	30 公克
甲類燒酎	470 毫升

■ DATA

品嚐時間｜約 1 個月後

成本｜（便宜　中等　較貴）

風味｜濃郁的甜

換成其他基底酒也 OK｜白蘭地、蘭姆酒

效果｜強身健體、緩解喉嚨發炎、預防腹瀉、健胃、利尿、美肌

選擇材料・浸泡時間

甘草根是經過乾燥處理，在中藥房等處隨時可以買到。

註 在台灣的各大中藥房，都可以買到甘草根。請選擇信譽良好的中藥行購買。

品嚐・風味

常溫時直接飲用約20毫升的分量，或者加入開水、熱水飲用。此外，還可以當作甜味劑用於烹調。

1 個月後

做法

1

將甘草放入容器中，倒入燒酎。

荳蔻酒

荳蔻（小荳蔻）散發優雅的香氣，常用於咖哩粉、印度綜合香料（Garam Masala）、印度奶茶（Chai）之中。它的主要成分桉樹腦（Cineole），具有促進唾液分泌、改善消化系統問題的效果。中醫認為，荳蔻對於消化不良、食慾不振、噁心想吐、口臭有療效。

■ 建議容器與材料

保存容器	500 毫升
荳蔻籽	30 公克
甲類燒酎	470 毫升

■ DATA

品嚐時間｜約 2 個月後

成本｜便宜　中等　較貴

風味｜獨特的辣味

換成其他基底酒也 OK｜伏特加、白蘭地

效果｜緩解疲勞、促進消化、除臭作用、緩解手腳冰冷、安定神經

選擇材料・浸泡時間

將成熟前的果實連同果莢經乾燥處理（曬乾或烘乾）成綠色，所以荳蔻酒隨時都能製作。

品嚐・風味

可以加入熱牛奶、熱奶茶和可樂飲用。此外，也可用在烹飪，添加於咖哩、印度奶茶中。

當天

2 個月後

做法

1

將荳蔻籽放入容器中，倒入燒酎。

葛縷子酒

葛縷子（香芹籽）散發著香甜芳香，是有助於消化的香草，在歐洲廣為人知。古代歐洲時，傳說葛縷子有吸引人、物的魔力，因此用來製作愛情藥物（使人吃了之後會愛上看到的人）的配方。

■ 建議容器與材料

保存容器	500 毫升
葛縷子籽	25 公克
甲類燒酎	475 毫升

■ DATA

品嚐時間｜約 1 個月後

成本｜便宜　中等　較貴

風味｜持續的辛辣味

換成其他基底酒也 OK｜白蘭地、威士忌、伏特加

效果｜健胃、利尿、放鬆身心、除臭效果

選擇材料・浸泡時間

這是經過乾燥處理後的香繖形科植物的種籽，在超市等地就能買到。

註 在台灣可於網路上購得。

品嚐・風味

常溫時直接飲用約20毫升的分量，此外，加入冰塊、開水和氣泡水飲用，風味亦佳。

當天

1 個月後

做法

1

將葛縷子籽放入容器中，倒入燒酎。

金銀花酒

金銀花是將忍冬藤蔓上開的花的花蕾，經乾燥處理後的乾燥品。由於一條藤蔓上綻開白色（銀）、黃色（金）花朵，而有金銀花的生藥名。據中醫記載，對夏日感冒初期的症狀（喉嚨疼痛等）有效。

■ 建議容器與材料

保存容器	800 毫升
金銀花（乾品）	30 公克
甲類燒酎	470 毫升

■ DATA

品嚐時間｜約 1 個月後

成本｜便宜　中等　較貴

風味｜溫和的甜味

換成其他基底酒也 OK｜
白蘭地、威士忌

效果｜強身健體、健胃、抗菌作用、預防腹瀉、修護皮膚黏膜、解熱作用、美肌

選擇材料・浸泡時間

雖然開花期是4～5月，但因為是將花蕾乾燥處理的乾品，一般在中藥房可以買到。

註 在台灣的各大中藥房，都可以買到金銀花。請選擇信譽良好的中藥行購買。

品嚐・風味

加入冰塊、開水或氣泡水飲用。

做法

1

如果在意金銀花的灰塵，可以淋入適量燒酎（材料量之外），再迅速清洗。

2

將金銀花放入容器中，倒入燒酎。

1 個月後

當天

金針乾酒

金針花為百合科（萱草科）植物，將它的花蕾加工乾燥後即可製成金針乾，可解熱、提高水分代謝，有助於舒緩水腫。它還富含鐵，可以預防貧血。此外，金針花又叫「忘憂草」，具有解除煩躁和憂鬱的效果。

■ 建議容器與材料

保存容器	800 毫升
金針乾	40 公克
蜂蜜	2 小匙
甲類燒酎	450 毫升

■ DATA

品嚐時間｜約 1 個月後

成本｜便宜　中等　較貴

風味｜有點鹹味

換成其他基底酒也 OK｜
白蘭地、威士忌

效果｜緩解疲勞、解熱作用、預防貧血、利尿、安定神經、改善失眠、美肌

選擇材料・浸泡時間

在日本，通常只能買到乾燥的金針。可以到中式食材商店，全年都買得到。

註 在台灣的超市、南北貨雜貨行，都可以買到金針。請選擇信譽良好的商家購買。

品嚐・風味

加入冰塊、開水或氣泡水飲用。

做法

1

如果在意金針乾的灰塵，可以淋入適量燒酎（材料量之外），再以流水清洗。

2

將金針乾、蜂蜜放入容器中，倒入燒酎。

1 個月後

當天

枸杞酒

枸杞在中國被視為不老長壽的妙藥而廣為人知。加入參雞湯中煮，有強身健體之效。
它還具有極佳的養顏美容效果，據說連楊貴妃都每天吃 3 粒。
此外，枸杞富含維生素類與礦物質類。

■ 建議容器與材料

保存容器	500 毫升
枸杞	50 公克
甲類燒酎	450 毫升

■ DATA

品嚐時間｜約 6 個月後

成本｜便宜　中等　較貴

風味｜濃郁的甜味，當作漢方酒飲用很順口。

換成其他基底酒也 OK｜白蘭地、伏特加

效果｜緩解疲勞、舒緩眼睛疲勞、抗氧化、抑制過敏症狀、平穩血壓、預防動脈硬化、改善失眠、美肌

選擇材料・浸泡時間

可以在超市或中式食材商店購買。不限時間，隨時都能浸泡酒類。

註 在台灣的各大中藥房，都可以買到枸杞。請選擇信譽良好的中藥行購買。

品嚐・風味

可以直接飲用約20毫升的分量，或加入冰塊、氣泡水品嚐。此外，還可以當作料理酒，添加於炒類食物或是韓國人參雞湯中。

MEMO 近幾年，枸杞儼然已成為最具話題的超級食物之一。它富含對美容有益的成分。相傳楊貴妃也很喜愛食用。

6 個月後

做法

1

將枸杞放入容器中，倒入燒酎。

乾燥山白竹酒

經過乾燥加工處理的山白竹（熊笹），沒有新鮮山白竹葉的澀味，浸泡酒後很容易入口。經過乾燥後雖然顏色變得暗沉，但仍有明顯的香氣。乾燥山白竹和新鮮山白竹一樣，浸泡完成的酒同樣具有抗菌效果。

選擇材料・浸泡時間

由於是乾燥商品，可以到中式食材商店購買，隨時浸泡皆可。

品嚐・風味

常溫時直接飲用約20毫升的分量，或加入開水、熱水、氣泡水飲用。

■ 建議容器與材料

保存容器	800 毫升
乾燥山白竹	3 公克（10 片）
蜂蜜	15 公克
甲類燒酎	480 毫升

■ DATA

品嚐時間｜約 2 個月後

成本｜便宜　中等　較貴

風味｜甜後略苦

換成其他基底酒也 OK｜白蘭地

效果｜緩解疲勞、健胃、抗菌作用、預防高血壓、安定神經、促進食慾、美肌

做法

1

用廚房紙巾將乾燥山白竹擦乾淨，然後切成 2 公分寬的細片。

2

將乾燥山白竹、蜂蜜放入容器中，倒入燒酎。

2 個月後

當天

山梔子酒

生藥名為山梔子，是將梔子的成熟果實經過乾燥處理而成。將山梔子與水煮，煮出的深黃色液體可當作醃黃蘿蔔、栗金飩（日本和菓子）的染色劑使用。此外，它具有安定神經的效果，並且有助於舒緩不安、改善失眠。

選擇材料・浸泡時間

由於是乾燥商品，可以到中式食材商店、較具規模的烘焙材料行購買，隨時浸泡皆可。

品嚐・風味

可加入蘋果醋（水果醋）、水、牛奶（依喜好加入蜂蜜、砂糖）飲用。

■ 建議容器與材料

保存容器	500 毫升
山梔子	30 公克
甲類燒酎	470 毫升

■ DATA

品嚐時間｜約 2 個月後

成本｜便宜　中等　較貴

風味｜特有的苦味，少許刺激

換成其他基底酒也 OK｜白蘭地、威士忌

效果｜安定神經、促進新陳代謝、強身健體、鎮痛、舒緩眼睛疲勞、美肌

做法

1

如果在意山梔子的灰塵，可以淋入適量燒酎（材料量之外），再以流水清洗。

2

將山梔子放入容器中，倒入燒酎。

2 個月後

當天

新鮮山白竹酒

新鮮的山白竹（熊笹）即使在大雪中也不會枯萎，並擁有足以忍受威脅的強大生命力。除了具有防腐、抗菌的效果，還常用在包裹笹壽司、笹麻糬等食物。此外，因為可幫助凝固血液，會用在治療化膿、皮膚炎和牙齒痛。

■ 建議容器與材料

保存容器	800 毫升
新鮮山白竹	20 公克（10 片）
蜂蜜	30 公克
甲類燒酎	450 毫升

■ DATA

品嚐時間｜約 1 個月後

成本｜便宜　中等　較貴

風味｜比乾燥山白竹酒口感柔和，還有甜味、鹽味

換成其他基底酒也 OK｜白蘭地

效果｜抗菌作用、緩解疲勞、健胃、預防高血壓、安定神經、促進食慾、美肌

選擇材料・浸泡時間

新鮮山白竹大多以真空包裝，放於常溫或冷凍中販售，所以四季都能買來浸泡酒類。要選擇無添加物的商品。

品嚐・風味

常溫時直接飲用約20毫升的分量，或加入水、熱水、氣泡水飲用。

做法

1

盆子中裝滿水，放入新鮮山白竹，再以流動的水洗淨，用廚房紙巾擦乾。

2

將新鮮山白竹、蜂蜜放入容器中，倒入燒酎。

1 個月後

當天

孜然酒

孜然獨特強烈的香氣成分，可以刺激消化器官，提升食慾。在中醫觀點中，孜然有利於改善因寒冷引起的消化不良、食慾不振、神經痛等症狀。此外，它還具有抗氧化、放鬆身心的效果。

■ 建議容器與材料

保存容器	500 毫升
孜然籽	30 公克
甲類燒酎	470 毫升

■ DATA

品嚐時間｜約 1 個月後

成本｜便宜　中等　較貴

風味｜孜然的濃郁香氣

換成其他基底酒也 OK｜伏特加

效果｜抗氧化、促進消化、健胃、促進食慾、利尿、安定神經、美肌

選擇材料・浸泡時間

孜然是香草，所以在超市就能買到，隨時都能浸泡。

註 在台灣的各大中藥房、香草專賣店，都可以買到。請選擇信譽良好的商家購買。

品嚐・風味

因為香氣太濃郁，適合當作料理酒（烹調咖哩、消除肉類的腥味等）使用。

做法

1

將孜然籽放入容器中，倒入燒酎。

1 個月後

當天

丁香酒

在日本叫作丁子，中文則叫作丁香，多用於中藥的藥材。丁香甜辣的香氣會刺激胃部，促進消化。此外，還有助於舒緩因月經痛、手腳冰冷引起的胃痛或腰痛。

選擇材料・浸泡時間

在香草植物專門店可以買到，隨時都能浸泡。

註 在台灣的各大中藥房、香草專賣店，都可以買到。請選擇信譽良好的商家購買。

品嚐・風味

可以加入可樂、蘭姆酒熱飲、威士忌熱飲、白蘭地熱飲、奶茶飲用，或當作料理酒（肉類料理、印度奶茶等）使用。

■ 建議容器與材料

保存容器	500 毫升
乾燥丁香	40 公克
甲類燒酎	460 毫升

2 個月後

當天

■ DATA

品嚐時間｜約 2 個月後

成本｜（便宜　中等　較貴）

風味｜發麻的苦味、稍辣

換成其他基底酒也 OK｜蘭姆酒、威士忌、白蘭地、伏特加

效果｜除臭作用、抗菌作用、鎮痛、緩解手腳冰冷、消除便秘、預防腹瀉

做法

1

將乾燥丁香放入容器中，倒入燒酎。

黑豆酒

黑豆富含具強烈抗氧化作用的花青素、異黃酮。對於改善白髮、掉髮、黑眼圈、皺紋和皮膚乾燥等的抗老化效果很值得關注。而在中醫裡，黑豆對調整更年期的不舒適有效。

選擇材料・浸泡時間

由於是乾燥商品，隨時都能買到與浸泡。

註 在台灣的超市、南北貨雜貨店等地，都可以買到。請選擇信譽良好的商家購買。

品嚐・風味

常溫時直接飲用約20毫升的分量。此外，也可以加入冰塊、開水、熱水和牛奶（可依個人喜好加入蜂蜜或砂糖）飲用。

■ 建議容器與材料

保存容器	800 毫升
乾燥黑豆	100 公克
甲類燒酎	400 毫升

1 個月後

當天

■ DATA

品嚐時間｜約 1 個月後

成本｜（便宜　中等　較貴）

風味｜濃縮黑豆味與甜味

換成其他基底酒也 OK｜伏特加

效果｜緩解手腳冰冷、預防生活習慣病、舒緩水腫及眼睛疲勞

做法

1

將黑豆放入平底鍋中，以小火一邊搖晃鍋子，一邊加熱至皮破掉，然後倒入鐵盤中，等待冷卻。

2

將黑豆放入容器中，倒入燒酎。

高麗人參酒

高麗人參具有促進消化吸收、新陳代謝和提升免疫力的作用。此外，也對增強體力與精力、預防老化有極大的助益，是讓疲憊的身心獲得紓解的中藥萬能藥。當作藥酒飲用，可以頻繁地攝取到營養，非常方便。

■ 建議容器與材料

保存容器	500 毫升
高麗人參	50 公克
蜂蜜	1 大匙
甲類燒酎	435 毫升

■ DATA

品嚐時間｜約 6 個月後
成本｜便宜　中等　**較貴**
風味｜甜味、苦味與些許辣味
換成其他基底酒也 OK｜白蘭地、龍舌蘭
效果｜強身健體、緩解疲勞、改善低血壓或心律不整、抗氧化、促進血液循環、預防感冒、安定神經、美肌

選擇材料・浸泡時間

在韓國食材店全年都能購買，但屬於價格十分昂貴的中藥材，不過，乾燥的人參根價格會比較合理。

註 在台灣的各大中藥房、迪化街都可以買到。請選擇信譽良好的商家購買。

品嚐・風味

常溫時直接飲用約20毫升的分量，此外，兌開水、熱水皆可。

MEMO 有「中藥之王」之稱的高麗人參，是最能幫助強身健體的中藥材。

6 個月後

1 個星期後

當天

做法

1
將高麗人參洗淨，充分使其乾燥（如果是乾燥人參，直接使用即可）。

2
將高麗人參、蜂蜜放入容器中，倒入燒酎。

香菜籽酒

做為香料用的香菜（芫荽）僅使用種籽。中醫認為，它具有促進消化、治療因發汗而引起的疹子的功效。此外，香菜籽酒沒有「香菜酒」（參照 p.99）那種特殊的香味，很容易入口。

■ 建議容器與材料

保存容器	500 毫升
香菜籽（芫荽籽）	30 公克
甲類燒酎	470 毫升

■ DATA

品嚐時間｜約 2 個月後

成本｜（便宜　中等　較貴）

風味｜微甜後口中有些許麻的刺激感

換成其他基底酒也 OK｜伏特加、琴酒

效果｜促進血液循環、發汗作用、促進食慾、安定神經、促進消化、美肌

選擇材料・浸泡時間

市面上大多是摩洛哥產的，但印度產的比較具有香氣與甜味。因為是香草，所以整年都能浸泡。

註 在台灣可以透過網路購得，請選擇信譽良好的商家購買。

品嚐・風味

常溫時直接飲用約20毫升的分量，此外，加入冰塊、氣泡水、啤酒等品嚐皆可。

2個月後　當天

做法

1

將香菜籽放入容器中，倒入燒酎。

山楂酒

將帶有強烈酸味的紅色果實山楂乾燥後使用。在中國，自古以來便當作中藥材而廣為人知，多用於消化不良、生理不順的處方。此外，還富含維生素和礦物質，尤其維生素 C 更是當中翹楚。

■ 建議容器與材料

保存容器	800 毫升
山楂	50 公克
檸檬	1/2 個
蜂蜜	2 小匙
甲類燒酎	420 毫升

■ DATA

品嚐時間｜約 2 個月後

成本｜（便宜　中等　較貴）

風味｜山楂特有的酸味中隱約帶有甜味

換成其他基底酒也 OK｜伏特加

效果｜促進食慾、促進消化、預防高血壓、消除便秘、預防腹瀉、降低膽固醇、美肌

選擇材料・浸泡時間

因為是乾燥材料，在中式食材店中能隨時買到。盡可能挑選顏色鮮紅、具有光澤的為佳。

註 在台灣的各大中藥房、迪化街或網路都可以買到。請選擇信譽良好的商家購買。

品嚐・風味

可以加入冰塊、氣泡水、熱水等品嚐。

做法

1

檸檬洗淨，橫切成1公分厚的圓片。

2

將山楂、檸檬和蜂蜜放入容器中，倒入燒酎。

3

1個月後取出山楂、檸檬。

2個月後　當天

春天的清新
夏季的燦爛
秋天的豐收
冬天的浪漫
整年的溫度
蔬菜
花&香草
茶葉
中藥
其他

肉桂酒

生藥名為「桂皮」。由於它能促進血液循環、為內臟保暖，
因此對女性的身體不適（腰痛、肩痛、疲倦、煩躁等）很有效果，並且能幫助溫暖身體。
此外，它含有可抗氧化的肉桂醛（Cinnamaldehyde），抗老化的效果頗受大眾期待。

建議容器與材料

保存容器	500 毫升
肉桂棒	30 公克
甲類燒酎	470 毫升

DATA

品嚐時間｜約 2 個月後（越熟成越好）

成本｜便宜　中等　較貴

風味｜肉桂濃縮的甜味、辣味

換成其他基底酒也 OK｜
白蘭地、伏特加、龍舌蘭

效果｜緩解手腳冰冷、緩和更年期障礙、強身健體、緩解疲勞、促進食慾

選擇材料・浸泡時間

肉桂棒是將樹皮乾燥後而成，整年可在超市中買到。

註 在台灣的各大中藥房、迪化街都可以買到。請選擇信譽良好的商家購買。

品嚐・風味

可加入咖啡、紅茶、奶茶、熱牛奶飲用，或增添甜點的香氣。

MEMO 製作甜點時常用到肉桂的人，如果事先做好這款肉桂酒的話，可以方便地加入甜點中。

6 個月後

當天

做法

1

將肉桂棒放入容器中，倒入燒酎。

杜松子酒

杜松子是柏科針葉樹杜松的果實，具有降低血糖值、調整胃部狀況的作用。琴酒這款蒸餾酒，自古以來便是使用杜松子為主要的香味來源。品嚐杜松子酒，可以感受到森林的清新與香氣。

選擇材料・浸泡時間

這是將果實乾燥後的產品，所以在大型超市比較容易買到。

註 在台灣的各大香草坊、迪化街都可以買到。請選擇信譽良好的商家購買。

品嚐・風味

常溫時直接飲用約20毫升的分量，或兌開水、氣泡水和冰茶飲用。若想調製雞尾酒，可以加入檸檬、橘子或葡萄柚等柑橘類果實酒混合即可。

建議容器與材料

保存容器	500 毫升
杜松子	20 公克
伏特加	480 毫升

DATA

品嚐時間｜約 1 個月後

成本｜（便宜　中等　較貴）

風味｜微甜水果風味、香辣爽口

換成其他基底酒也 OK｜琴酒、白蘭姆酒、甲類燒酎

效果｜促進血液循環、抗菌作用、促進消化、利尿、安定神經

做法

1

將杜松子放入容器中，倒入伏特加。

1 個月後

當天

白木耳酒

在中國被視為不老長壽的食物而當作寶物，也用作中藥的生藥。白木耳具有潤肺效果，而「潤肺對於美肌相當重要」，據說連楊貴妃都會食用。此外，它是維生素 D 含量最高的食材。

選擇材料・浸泡時間

這是乾燥後的產品，在中式食材店、大型烘焙食材店中，整年都能買到。

註 在台灣的各大中藥房、迪化街、南北貨雜貨店都可以買到。請選擇信譽良好的商家購買。

品嚐・風味

可以加入葡萄柚果汁、梅酒（參照 P. 16）或紅棗酒（參照 P. 181）享用。

建議容器與材料

保存容器	800 毫升
乾燥白木耳	15 公克
甲類燒酎	485 毫升

DATA

品嚐時間｜約 3 個月後（越熟成越好喝）

成本｜（便宜　中等　較貴）

風味｜口感稍黏稠，具有白木耳的風味

換成其他基底酒也 OK｜伏特加

效果｜強身健體、潤肺作用、鎮咳、預防骨質疏鬆症、消除便秘

做法

1

乾燥白木耳可能沾附些許髒汙與灰塵，可以淋入適量燒酎（材料量之外），略微清洗，切成可以放入容器的大小。

2

將步驟 1 的白木耳放入容器中，倒入燒酎。

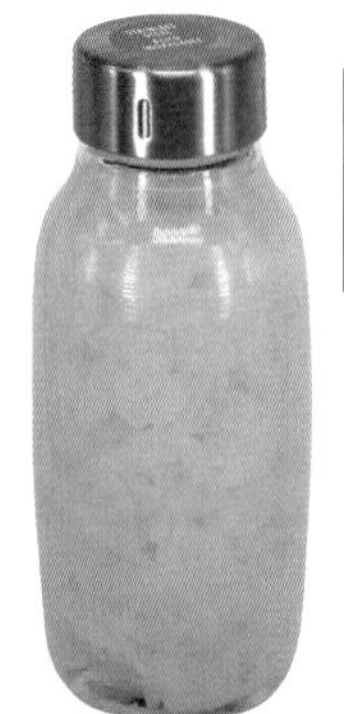

8 個月後

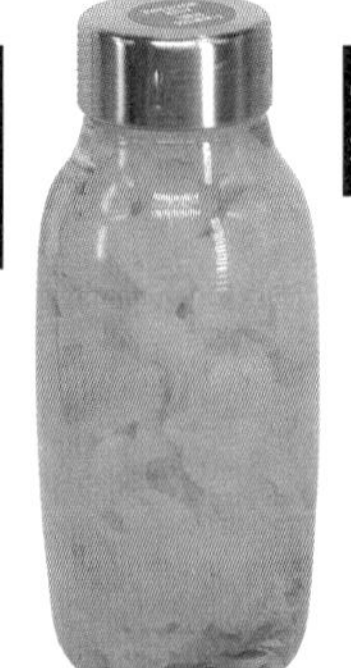

當天

石菖蒲酒

天南星科的多年生草本植物，生長在日本、中國許多山間沿著溪流之處。石菖蒲和菖蒲很容易搞錯，菖蒲的根是指菖蒲的根莖，比石菖蒲粗大且香氣更濃郁。在中醫，通常是使用石菖蒲。

■ 建議容器與材料

保存容器	800 毫升
石菖蒲（切小塊）	50 公克
蜂蜜	30 公克
甲類燒酎	420 毫升

■ DATA

品嚐時間｜約 1 個月後

成本｜便宜　中等　較貴

風味｜苦味明顯，但仍具微甜

換成其他基底酒也 OK｜白蘭地、伏特加

效果｜健胃、解毒作用、鎮痛、預防健忘症、安定神經、改善失眠

選擇材料・浸泡時間

這是乾燥後的產品，在中藥店整年都能買到。

註 在台灣的各大中藥房、迪化街都可以買到。請選擇信譽良好的商家購買。

品嚐・風味

可以加入冰塊、水、氣泡水和熱水飲用。

1 個月後

當天

做法

1

將石菖蒲放入容器中，倒入燒酎。

薑黃酒粉

薑黃粉是調配咖哩粉的主要原料，一般人對它並不陌生。中醫認為，薑黃能促進維持生命能量的「氣」的運行，改善血液循環，所以能緩解生理痛、肩膀痠痛，並且具有安定身心的作用。

■ 建議容器與材料

保存容器	500 毫升
薑黃粉	30 公克
日本燒酎（酒精成分 25%）	470 毫升

■ DATA

品嚐時間｜當天

成本｜便宜　中等　較貴

風味｜柔和、微微的苦味

換成其他基底酒也 OK｜伏特加、日本酒（酒精成分 20% 以上）

效果｜緩解疲勞、強身健體、健胃、促進消化、鎮痛、美肌

選擇材料・浸泡時間

這是乾燥的香草粉末，在超市等整年都能買到。

註 在台灣各大超市、中藥行、南北貨雜貨店都可以購得，請選擇信譽良好的店家。

品嚐・風味

常溫時直接飲用約20毫升的分量，或兌入開水（依喜好加入檸檬汁）、蘋果醋（黑醋、水果醋）和薑汁汽水等。

1 個月後

當天

做法

1

將薑黃粉放入容器中，倒入燒酎。

陳皮酒

是將成熟的橘子皮曬乾製作，含有可鎮痛、促進血液循環作用的檸檬烯（Limonene），以及緩解手腳冰冷的橙皮苷（Hesperidin）成分，在中醫裡常用於感冒引起的咳嗽、多痰。據說乾燥的時間越長，營養成分越高。

■ 建議容器與材料

保存容器	800 毫升
橘子皮	20 公克
冰糖	30 公克
甲類燒酎	450 毫升

■ DATA

品嚐時間｜約 1 個月後

成本｜便宜　中等　較貴

風味｜甜味橘子汁的味道

換成其他基底酒也 OK｜琴酒、白蘭姆酒

效果｜促進消化、預防腹瀉、利尿、預防感冒、緩解手腳冰冷、改善失眠

選擇材料・浸泡時間

可在中式食材店、中藥房、香草專門店（橙皮絲）購買，隨時都能製作。在橘子盛產的冬季，也可以把橘子皮放在陽光或風中乾燥，就能做成陳皮。

註 在台灣的各大中藥房、迪化街都可以買到。請選擇信譽良好的商家購買。

品嚐・風味

可以加入冰塊、水、氣泡水、蜜柑酒（參照 P.68）飲用。也可以當作料理酒，用於烹調餃子、炒類料理等。

MEMO 陳皮常添加於炒類、湯品和醋類料理，或用於入浴劑。

做法

1

將橘子皮以 70 ～ 80°C的熱水清洗，用廚房紙巾擦乾，切成 0.5 公分寬的細條。然後重複曝曬 1 個星期～ 1 年，使其乾燥。

2

將乾橘子皮與冰糖放入容器中，倒入燒酎。

3

2 個月後取出橘子皮。

1 個月後

1 個星期後

當天

遼東楤木酒

屬於五加科落葉小喬木。生長於日本全國陽光日照充足的山野間。它的新生嫩芽稱作刺嫩芽、刺龍芽，多烹調成野菜天婦羅食用。在中藥裡，用在治療糖尿病、腎臟病的生藥。

■ 建議容器與材料

保存容器	800 毫升
乾燥遼東楤木（切小塊）	50 公克
甲類燒酎	450 毫升

■ DATA

品嚐時間｜約 2 個月後

成本｜便宜　中等　較貴

風味｜微甜後些許麻苦

換成其他基底酒也 OK｜伏特加、蘭姆酒

效果｜健胃、利尿、降低血糖、抗菌作用、美肌

選擇材料・浸泡時間

這是乾燥植物，可在中藥房購買，整年都能浸泡。

品嚐・風味

常溫時直接飲用約20毫升的分量，或兌入開水、熱水、氣泡水（依喜好加入蜂蜜或砂糖）等品嚐。

當天

2 個月後

做法

1

如果在意遼東楤木的灰塵，可以淋入適量燒酎（材料量之外）清洗。

2

將遼東楤木放入容器中，倒入燒酎。

三七酒

是五加科多年生草本植物的根，栽種地僅限於中國南方極少數地區。在古代的中國，是進獻給皇宮的珍寶。多用在改善手腳冰冷、強身健體。這款酒放越久越熟成，更能萃取出成分，對五臟效果更佳。

■ 建議容器與材料

保存容器	800 毫升
三七（切小塊）	50 公克
蜂蜜	30 公克
白蘭地	420 毫升

■ DATA

品嚐時間｜約 1 個月後

成本｜便宜　中等　較貴

風味｜如牛蒡般的澀味

換成其他基底酒也 OK｜黑蘭姆酒、威士忌

效果｜強身健體、預防高血壓、鎮痛、血液淨化、緩解手腳冰冷

選擇材料・浸泡時間

整年都可在中式食材店、中藥房購買，隨時都可浸泡。

註 在台灣的各大中藥房、迪化街都可以買到。請選擇信譽良好的商家購買。

品嚐・風味

常溫時直接飲用約20毫升的分量，或加入冰塊、開水和熱水品嚐。

當天

1 個月後

做法

1

將三七、蜂蜜放入容器中，倒入白蘭地。

當歸酒

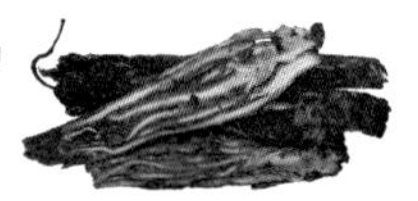

是繖形科多年生草本植物當歸的乾燥根，具有類似西洋芹的強烈香氣，當歸被稱作「婦人聖藥」，對於溫暖身體、女性的身體不適（腰痛、肩痛、疲倦、煩躁等）很有效果。此外，它不僅用在中藥，也可用在入浴劑。

建議容器與材料

保存容器	800 毫升
當歸	30 公克
甲類燒酎	470 毫升

DATA

品嚐時間｜約 3 個月後

成本｜便宜　中等　較貴

風味｜根特有的泥土苦味與甜味

換成其他基底酒也 OK｜伏特加、龍舌蘭

效果｜強身健體、促進血液循環、緩解手腳冰冷、緩解生理痛、減緩頭痛、

選擇材料・浸泡時間

因為是乾燥根，可在中式食材店、中藥房購買，隨時都可浸泡。

註 在台灣的各大中藥房、迪化街都可以買到。請選擇信譽良好的商家購買。

品嚐・風味

常溫時直接飲用約20毫升的分量，或加入冰塊、水、熱水等品嚐。

做法

1

當歸以細毛刷子充分刷洗乾淨，放置乾燥。

2

將當歸放入容器中，倒入燒酎。

3 個月後

當天

杜仲皮酒

在中國，杜仲樹有「中藥中最頂級的夢幻藥樹」之稱。杜仲皮是將杜仲樹皮乾燥，用在生藥不僅具有強身健體、降低血壓的作用，更能有效緩解腰和膝蓋疼痛。一般市面販售的杜仲茶，是使用杜仲葉製成的。

建議容器與材料

保存容器	500 毫升
杜仲皮（切小塊）	30 公克
威士忌	470 毫升

DATA

品嚐時間｜約 1 個月後

成本｜便宜　中等　較貴

風味｜雖然苦味明顯，但有些微甜

換成其他基底酒也 OK｜白蘭地、黑蘭姆酒

效果｜強身健體、鎮痛、利尿、預防高血壓、緩和更年期障礙、安定神經

選擇材料・浸泡時間

因為是乾燥的樹皮，可在中式食材店、中藥房購買，隨時都可浸泡。

註 在台灣的各大中藥房、迪化街都可以買到。請選擇信譽良好的商家購買。

品嚐・風味

常溫時直接飲用約20毫升的分量，或加入冰塊、水、熱水等品嚐。

做法

1

將杜仲皮放入容器中，倒入威士忌。

1 個月後

當天

紅棗酒

紅棗這種水果，口感介於蘋果和梨子之間。
中國俗話說「1天3粒棗，青春永不老」，以「大棗」之名，當作強身健體的生藥使用。
此外，對改善貧血和易倦體質等亦有諸多功效。

■ 建議容器與材料

保存容器	800 毫升
乾燥紅棗	60 公克
檸檬	1/2 個
蜂蜜	2 小匙
甲類燒酎	400 毫升

■ DATA

品嚐時間｜6 個月後（越熟成越好喝）

成本｜便宜　中等　較貴

風味｜明顯的甜味

換成其他基底酒也 OK｜白蘭地

效果｜強身健體、緩解疲勞、鎮痛、預防貧血、改善失眠、安定神經、美肌

選擇材料・浸泡時間

在日本，這類乾燥食品可以隨時在中式食材店或韓國食材店購得。

註 在台灣的各大中藥房、迪化街、超市都可以買到。請選擇信譽良好的商家購買。

品嚐・風味

當作餐前酒，可在常溫時直接飲用約20毫升的分量。也可以加入冰塊、開水，或者先放入薑泥，再兌熱水飲用。

MEMO 紅棗茶、人參雞湯和火鍋等料理中，常能見到紅棗的蹤跡。

6 個月後

1 個星期後

當天

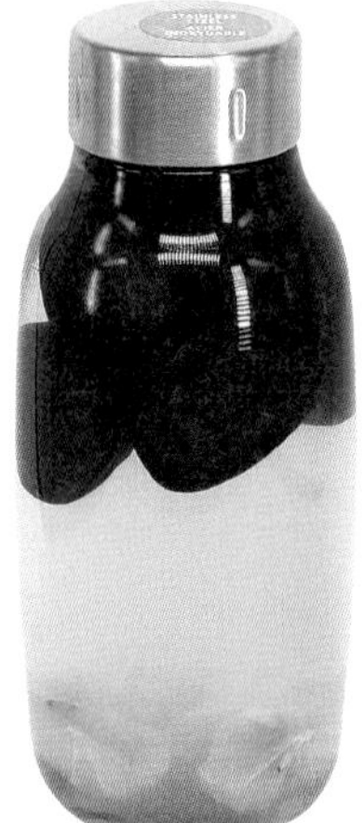

做法

1

以刀削除檸檬皮，白色部分盡可能切除，果肉橫切約 1.5 公分厚的圓片。

2

將紅棗、檸檬和蜂蜜放入容器中，倒入燒酎。

3

1 個月後取出檸檬。

南天竹酒

南天竹夏天綻放的白色花朵會慢慢變成紅色，時序入冬，便結滿鮮紅的果實。在日本，南天竹野生於溫暖山地的溪邊，自古以來，常出現在新年的裝飾或園藝植物而為人熟悉。從古至今，南天竹果實則多當成止咳的生藥。

■ 建議容器與材料

保存容器	800 毫升
南天竹果實	85 公克
檸檬（去皮）	1 片
蜂蜜	1 大匙
冰糖	30 公克
日本酒（酒精成分 20%以上）	370 毫升

■ DATA

品嚐時間｜約 2 個月後

成本｜（便宜　中等　較貴）

風味｜雖有甜味，但仍有酸爽風味

換成其他基底酒也 OK｜白蘭地、威士忌

效果｜鎮咳、鎮痛、抗菌作用、健胃、解熱作用

做法

1

盆子中裝滿水，放入南天竹仔細洗淨，擦乾水分，從枝上將果實一顆顆摘下。

2

將南天竹果實、檸檬、冰糖和蜂蜜放入容器中，倒入日本酒。

3

2 個月後取出檸檬。

2 個月後　當天

選擇材料・浸泡時間

在日本，這類乾燥食品可以隨時在中式食材店或韓國食材店購得。

品嚐・風味

當作餐前酒，可在常溫時直接飲用約20毫升的分量。也可以加入冰塊、開水，或者放入薑泥，兌熱水飲用。

蓮子酒

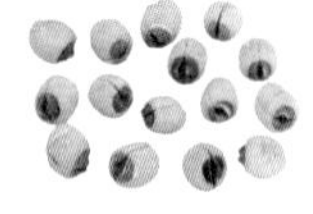

當花朵凋落，蓮蓬裡的蓮子就快要成熟了。蓮葉、根莖（蓮藕）以上的部位，含有豐富的鉀等，營養價值高，解毒效果備受期待。在中醫的觀點，它能讓腎功能提高，並且安養身心，具有改善失眠的效果。

■ 建議容器與材料

保存容器	800 毫升
乾燥蓮子	70 公克
甲類燒酎	430 毫升

■ DATA

品嚐時間｜約 1 個月後

成本｜（便宜　中等　較貴）

風味｜堅果般的微甜

換成其他基底酒也 OK｜日本酒（酒精成分 20%以上）

效果｜改善心悸、健胃、降低血壓、改善失眠、預防腹瀉、美肌

選擇材料・浸泡時間

蓮子是乾燥食品，可以隨時在中式食材店或中藥房購得。

註 在台灣的各大中藥房、迪化街、南北貨雜貨店都可以買到。請選擇信譽良好的商家購買。

品嚐・風味

加入開水、牛奶（依喜好加入蜂蜜或砂糖）。

2 個月後

當天

做法

1

將蓮子放入容器中，倒入燒酎。

八角酒

八角是中式料理的代表性香料。在歐美稱作「Star Anise」，東羅馬帝國時期用於香甜酒中。八角酒香氣濃厚，烹調時只要添加少量即可為料理提味，食用後能使身體暖和起來。

■ 建議容器與材料

保存容器	500 毫升
八角	25 公克
甲類燒酎	475 毫升

■ DATA

品嚐時間｜約 3 個月後

成本｜（便宜　中等　較貴）

風味｜甜中帶苦

換成其他基底酒也 OK｜白蘭地、伏特加

效果｜緩解手腳冰冷、鎮痛、解毒作用、促進消化、放鬆身心

選擇材料・浸泡時間

因為是乾燥的香料，隨時在超市裡的中式調味料區即可買到。

註 在台灣的各大中藥房、迪化街、南北貨雜貨店都可以買到。請選擇信譽良好的商家購買。

品嚐・風味

最適合加入菜餚提味。只要在炒類、湯品和燉煮料理中加入極少量，就能提升風味。

當天

3個月後

做法

1

將八角放入容器中，倒入燒酎。

薏仁酒

從很久以前，薏仁就被當成醫治皮膚長疣或膿瘡、疙瘩等的中藥，為大眾所熟悉。它還能排除體內多餘水分和老廢物質，以及消除便秘、舒緩水腫，有解毒的效果。此外，薏仁可促進細胞的新陳代謝，有助於預防肌膚乾燥和缺水。

■ 建議容器與材料

保存容器	800 毫升
薏仁	50～100 公克
甲類燒酎	450 毫升

■ DATA

品嚐時間｜約 3 個月後

成本｜（便宜　中等　較貴）

風味｜微甜

換成其他基底酒也 OK｜伏特加、日本酒（酒精成分 20%以上）

效果｜利尿、解毒作用、消除便秘、美肌、鎮痛、抗發炎

選擇材料・浸泡時間

因為是乾燥的產品，隨時在超市或中式食材店可以買到。

註 在台灣的各大中藥房、迪化街、南北貨雜貨店都可以買到。請選擇信譽良好的商家購買。

品嚐・風味

常溫時直接飲用約20毫升的分量，或加入冰塊、開水和熱水品嚐。

做法

1

將薏仁放入平底鍋中，以中火乾炒，等香味散出後熄火，迅速倒入鐵盤中，等待冷卻。

2

將薏仁放入容器中，倒入燒酎。

3個月後

當天

香草莢酒

香草莢被當成於冰淇淋的香料。香草荳和香草莢經過發酵和反覆乾燥的過程，會散發出特有的香甜味。明明含糖量少，但感覺卻很甜，所以可以控制砂糖的用量。從營養的角度來看，香草莢含有大量鉀。

■ 建議容器與材料

保存容器	500 毫升
香草莢	20 公克（10 根）
丁香	2 粒
威士忌	480 毫升

※ 如果要用在製作甜點，威士忌分量要降至 240 毫升。

■ DATA

品嚐時間｜約 1 個月後

成本｜（便宜　中等　較貴）

風味｜香草的甜味降低，多了丁香的刺激風味。

換成其他基底酒也 OK｜白蘭地、黑蘭姆酒

效果｜強身健體、減輕經前症候群、放鬆身心、安定神經

選擇材料・浸泡時間

這裡使用的是乾燥的香草莢，隨時可在大型烘焙材料行買到。

註 在台灣的各大中藥房、迪化街、南北貨雜貨店都可以買到。請選擇信譽良好的商家購買。

品嚐・風味

常溫時直接飲用約20毫升的分量，或加入冰塊、淋在香草冰淇淋上品嚐。也可以當作製作甜點時的材料。

1 個月後

當天

做法

1

將香草莢、丁香放入容器中，倒入威士忌。

葵花籽酒

印地安人早在公元前就栽種以為食用。葵花籽（向日葵籽）和堅果是同伴。在日本，葵花籽大多被當成麵包、點心的配料，但其實它的營養價值極高，富含可降低膽固醇的亞麻油酸（Linoleic acid）。

■ 建議容器與材料

保存容器	800 毫升
葵花籽	80 公克
甲類燒酎	420 毫升

■ DATA

品嚐時間｜約 3 個月後

成本｜（便宜　中等　較貴）

風味｜清淡甜味中略帶苦澀

換成其他基底酒也 OK｜白蘭地、威士忌、伏特加

效果｜抗氧化、預防生活習慣病、預防貧血、緩解手腳冰冷、美肌

選擇材料・浸泡時間

葵花籽是乾燥的商品，隨時可在中式食材店等處買到。

註 在台灣的迪化街、南北貨雜貨店都可以買到。請選擇信譽良好的商家購買。

品嚐・風味

常溫時直接飲用約20毫升的分量，或加入冰塊、開水、熱水和牛奶品嚐。

3 個月後

當天

做法

1

將葵花籽放入容器中，倒入燒酎。

枇杷葉酒

在中國，會先去除枇杷葉背面的絨毛，再將「枇杷葉」用作生藥。把枇杷葉當作藥酒，具有止咳化痰的作用，對中暑、緩解疲勞有效。浸泡完成取出的枇杷葉，可以放入網袋中，當成入浴劑使用。

■ 建議容器與材料

保存容器	500 毫升
乾燥枇杷葉	30 公克
甲類燒酎	470 毫升

■ DATA

品嚐時間｜約 4 個月後

成本｜（便宜　中等　較貴）

風味｜餘韻濃厚，雖略帶苦味，但易入口。

換成其他基底酒也 OK｜白蘭地、威士忌

效果｜緩解疲勞、舒緩胃炎、抗菌作用、抗發炎、預防感冒、美肌

選擇材料・浸泡時間

選用無農藥的枇杷葉製作比較安心。此外，因為是乾燥葉片，隨時都能購買。

註 在台灣只能與相熟的枇杷葉小農購買，再自行乾燥。

品嚐・風味

常溫時直接飲用約20毫升的分量，或加入冰塊、開水、熱水（依喜好加入蜂蜜、黑糖）品嚐。

做法

1

將枇杷葉放入容器中，倒入燒酎。

2

浸泡過程中要不時搖晃容器（加速熟成），2 個月後等枇杷葉變成咖啡色，再將枇杷葉取出。

4 個月後　**當天**

※ 如果使用新鮮的枇杷葉，需仔細清洗泥土與髒汙，以廚房紙巾擦乾後再浸泡。大約 3 個月後可以飲用。

花椒酒

花椒是芸香科的植物，將果皮曬乾後製成。它具有清爽的香氣與麻辣滋味，與中式料理是最佳拍檔。其辣味成分山椒醇（Sanshool），有益於改善消化不良、食慾不振，它也被當作有健胃作用的中藥。

■ 建議容器與材料

保存容器	500 毫升
花椒（整顆）	10 公克
日本燒酎（酒精成分 25%）	490 毫升

■ DATA

品嚐時間｜約 4 個月後

成本｜（便宜　中等　較貴）

風味｜如花般豐富的香氣

換成其他基底酒也 OK｜甲類燒酎、琴酒

效果｜健胃、鎮痛、調整荷爾蒙、利尿

選擇材料・浸泡時間

花椒屬於香料，想要浸泡花椒酒時，再去超市購買即可

註 在台灣的各大中藥房、迪化街、南北貨雜貨店都可以買到。請選擇信譽良好的商家購買。

品嚐・風味

可加入氣泡水（加入檸檬亦可）、啤酒或用在烹調，為中式料理增香。

做法

1

將花椒放入容器中，倒入燒酎。

當天

紅花酒

生藥名為「紅花」。它能改善血液循環，緩和月經痛、月經不順和更年期障礙等女性特有的不舒適症狀。不過，生理期時飲用會增加出血量，懷孕時飲用則會促進子宮收縮，必須特別注意。

■ 建議容器與材料

保存容器	500 毫升
紅花	10 公克
白蘭地	100 毫升
日本燒酎（酒精成分 25%）	390 毫升

■ DATA

品嚐時間｜約 2 個月後

成本｜便宜　中等　較貴

風味｜微苦、舌頭有刺激感

換成其他基底酒也 OK｜甲類燒酎

效果｜緩解生理痛或經前症候群、緩和更年期障礙

選擇材料・浸泡時間

因為是乾燥的商品，全年都能購買。建議選擇鮮艷紅色的。

註 在台灣的各大中藥房、迪化街、南北貨雜貨店都可以買到。請選擇信譽良好的商家購買。

品嚐・風味

可加入開水、熱水（依喜好加入蜂蜜或砂糖）品嚐。

2 個月後

當天

做法

1. 將紅花放入容器中，倒入白蘭地、燒酎。
2. 2 個星期後需過濾酒液。

松子酒

從松樹採摘果實後去皮，再取出胚芽就是松子。在中醫的角度，松子有滋潤身體的效果，也活用在改善氣喘、消除便秘上。對堅果豆類過敏的人喝這款酒時，如果出現發癢的症狀，要特別留意。

■ 建議容器與材料

保存容器	500 毫升
松子	50 公克
甲類燒酎	450 毫升

■ DATA

品嚐時間｜約 2 個月後

成本｜便宜　中等　較貴

風味｜松子的甘甜與脂香、豆類的風味

換成其他基底酒也 OK｜伏特加

效果｜強身健體、舒緩眼睛疲勞、預防生活習慣病、緩解手腳冰冷、美肌

選擇材料・浸泡時間

因為是乾燥的商品，想浸泡酒時，到超市或中式食材店購買即可。

註 在台灣的迪化街、南北貨雜貨店都可以買到。請選擇信譽良好的商家購買。

品嚐・風味

常溫時直接飲用約20毫升的分量，或加入冰塊、開水、熱水品嚐。

2 個月後

當天

做法

1. 將松子放入容器中，倒入燒酎。

松葉酒

野生於日本全國各處的松樹有多種藥效，但很少見到用在觀賞以外的其他用途。松樹嫩芽的藥用價值很高，除了含有抗氧化作用的維生素C，維生素D和K也很豐富。

選擇材料・浸泡時間

野生於日本的二葉松，是以黑松、赤松為主，當中的赤松多為藥用。松樹大約在4月冒出嫩芽。

品嚐・風味

常溫時直接飲用約20毫升的分量，或加入冰塊、開水、氣泡水品嚐。

■ 建議容器與材料

保存容器	800 毫升
松葉	25 公克
松子	5 公克
甲類燒酎	470 毫升

■ DATA

品嚐時間｜約 3 個月後
成本｜便宜　中等　較貴
風味｜微苦
換成其他基底酒也 OK｜伏特加
效果｜抗氧化、預防高血壓、血液淨化、放鬆身心

做法

1
盆子中裝滿水，放入松葉，以流動的水充分洗淨，用廚房紙巾擦乾。

2
將松葉、松子放入容器中，倒入燒酎。

3 個月後

當天

肉荳蔻衣酒

肉荳蔻樹結成的果實如杏桃般大小，成熟時兩瓣自然開裂，映入眼前的是表面有著網狀溝紋的深紅色假種皮，叫作肉荳蔻衣（Mace）。肉荳蔻衣中有黑色種籽，就是肉荳蔻。肉荳蔻衣散發高雅的香甜味，其解毒和整腸作用很受到期待。

選擇材料・浸泡時間

因為是乾燥香料，隨時都能在香料店購買。

註 在台灣較難找到，可試試各大香草坊或網路。請選擇信譽良好的商家購買。

品嚐・風味

常溫時直接飲用約20毫升的分量，或加入冰塊、開水、氣泡水品嚐。此外，也可用在烹調料理。

■ 建議容器與材料

保存容器	500 毫升
肉荳蔻衣（整顆）	8 公克
伏特加	490 毫升

■ DATA

品嚐時間｜約 1 個月後
成本｜便宜　中等　較貴
風味｜苦與辣混合的香料風味
換成其他基底酒也 OK｜白蘭姆酒
效果｜促進消化、健胃、預防腹瀉、除臭作用、抗菌作用、鎮痛

做法

1
用手將肉荳蔻衣撕成一片片。

2
將肉荳蔻衣放入容器中，倒入伏特加。欲飲用時，濾出肉荳蔻衣即可。

1 個月後

當天

百合根酒

「百合根」常出現在日本過年時吃的御節料理，所以大眾對它並不陌生。它可以用作生藥，具有潤肺、顧氣管、止咳以及安定神經的作用。其營養成分中，碳水化合物佔大部分，其餘還有大量的維生素、礦物質和食物纖維。

■ 建議容器與材料

保存容器	800 毫升
乾燥百合根（剝小瓣）	40 ～ 80 公克
甲類燒酎	460 毫升

■ DATA

品嚐時間｜約 4 個月後

成本｜便宜　中等　較貴

風味｜微甘甜

換成其他基底酒也 OK｜伏特加、日本酒（酒精成分 20%）

效果｜強身健體、改善失眠、放鬆身心、舒緩水腫、消除便秘

選擇材料・浸泡時間

因為是乾燥的植物，不論季節在中藥房都能買到。

註 在台灣的中藥行、迪化街、南北貨雜貨店都可以買到。請選擇信譽良好的商家購買。

品嚐・風味

常溫時直接飲用約20毫升的分量，或加入冰塊、開水、熱水品嚐。

4 個月後　當天

做法

1

將百合根變成黑褐色的地方切掉。

2

將百合根放入容器中，倒入燒酎。

龍眼乾酒

中國具代表性的熱帶水果，和荔枝是同伴。果肉的口感與荔枝相似，但甜度高於荔枝。在中藥中，會在曬乾後使用，透過強烈的甜味有助於身心放鬆、緩解疲勞和改善失眠。

■ 建議容器與材料

保存容器	800 毫升
龍眼乾	40 公克
（約 17 粒，其中 3 粒需帶殼）	
泡盛	460 毫升

■ DATA

品嚐時間｜約 1 個月後

成本｜便宜　中等　較貴

風味｜爽口的甜味，如同濃縮荔枝的風味。

換成其他基底酒也 OK｜白蘭姆酒、白蘭地

效果｜強身健體、補血、預防貧血、促進消化、安定神經

選擇材料・浸泡時間

乾燥的龍眼肉能在中式食材店中買到，隨時都能製作。

註 在台灣的中藥行、迪化街、南北貨雜貨店都可以買到。請選擇信譽良好的商家購買。

品嚐・風味

常溫時直接飲用約20毫升的分量，或加入冰塊、開水、熱水品嚐。

1 個月後　當天

做法

1

將龍眼乾放入容器中，倒入泡盛。

月桂葉酒

月桂葉具有特殊香甜，並且能消除臭味，常用在肉類、魚類料理，
以及當成改善食慾不振、消除煩躁的中藥。
此外，它也含有桉葉油醇（Cineole）等能抗發炎的成分。

■ 建議容器與材料

保存容器	500 毫升
乾燥月桂葉	5 公克
甲類燒酎	495 毫升

■ DATA

品嚐時間｜約 3 個月後

成本｜（便宜　中等　較貴）

風味｜清爽的甜味中隱約帶著發麻的苦味

換成其他基底酒也 OK｜伏特加

效果｜消除臭味、鎮痛、促進消化、緩解疲勞、緩解手腳冰冷、美肌

選擇材料・浸泡時間

因為是乾燥的香料，在超市就能輕鬆買到。

註 在台灣的香草坊、迪化街、網路都可以買到。請選擇信譽良好的商家購買。

品嚐・風味

可加入啤酒、開水（可依喜好加入檸檬）飲用，也可以當作料理酒，添加於咖哩、肉類和魚肉料理中。

MEMO 如果烹調時常用到月桂葉，可事先準備好月桂葉酒，更方便使用。

3 個月後

1 個星期後

當天

做法

1

將月桂葉放入容器中，倒入燒酎。

※ 浸泡完成取出的月桂葉，可以加入燉煮料理中或當成入浴劑使用。

和山椒酒

和山椒是從日本繩文時代起就使用的原有香料，
香橙般的柑橘香氣和溫和的辛辣風味是最大特色。它的辛辣成分山椒素（Sanshool）
有助於改善因寒冷而引起的腰痛。此外，對舒緩水腫也有功效。

選擇材料・浸泡時間

因為是乾燥的香料，隨時都能在超市等處輕鬆買到。

品嚐・風味

可直接飲用或加入冰塊，最能感受到和山椒的香氣。此外，也可兌氣泡水、啤酒品嚐。

MEMO 可以將和山椒直接加入市售的罐裝、瓶裝威士忌中浸泡。

■ 建議容器與材料

保存容器	500 毫升
和山椒	5 公克
威士忌	495 毫升

■ DATA

品嚐時間｜約 1 個月後

成本｜便宜　中等　較貴

風味｜無甜味，舌頭感受到嗆辣刺激。

換成其他基底酒也 OK ｜白蘭地

效果｜鎮痛、促進食慾、促進消化、舒緩眼睛疲勞、緩解手腳冰冷

1 個月後　1 個星期後　當天

做法

1

將和山椒放入容器中，倒入威士忌。

第6章

其他酒

杏仁酒

杏仁富含抗氧化作用的維生素 E 和多酚（Polyphenol），抗老化和美容的功效很值得期待。由於是高熱量食物，建議一天食用 23 粒（30 公克）為限。此外，因為含有大量的食物纖維，吃太多可能會造成腹瀉。

■ 建議容器與材料

保存容器	1 公升
無鹽杏仁	250 公克
蘭姆酒	550 毫升

■ DATA

品嚐時間｜約 3 個月後

成本｜（便宜　**中等**　較貴）

風味｜前味略苦，轉成杏仁味。

換成其他基底酒也 OK｜白蘭地

效果｜抗氧化、預防高血壓、整腸作用、預防貧血、美肌

選擇材料・浸泡時間

杏仁經過油炸，依保存方法油質可能會產生氧化，所以最好選擇烘烤的無鹽杏仁。整年都能浸泡。

註 在台灣的中藥行、迪化街、南北貨雜貨店都可以買到。請選擇信譽良好的商家購買。

品嚐・風味

常溫時直接飲用約20毫升的分量，或兌入熱水，加點奶油也不錯。此外，也可以加牛奶一起喝。

MEMO 你也可以直接把杏仁放入酒中浸泡，經過乾炒後的杏仁除了香氣更甚，還能加速酒類的熟成時間。

3 個月後　**1 個星期後**　**當天**

做法

1

將杏仁放入平底鍋中，以中火乾炒，一邊搖晃平底鍋，等香味散出後熄火。

2

迅速倒入鐵盤中，等杏仁冷卻後，放入容器中，倒入蘭姆酒。

甘栗酒

甘栗因含大量鉀與葉酸，是想補充能量時的最佳推薦。
另外，它的食物纖維量是地瓜的 2 倍，有益於消除便秘。
甘栗酒搭配甜點享用更美味！

■ 建議容器與材料

保存容器	800 毫升
帶殼甘栗（栗子仁）	180 公克
蘭姆酒	320 毫升

■ DATA

品嚐時間｜約 2 個月後
成本｜（便宜　中等　較貴）
風味｜濃郁的甜味
換成其他基底酒也 OK｜白蘭地
效果｜消除便秘、預防高血壓、預防貧血、抗菌作用、強身健體、抗氧化、美肌

選擇材料・浸泡時間

熟烤的帶殼栗子賞味時間約 2～3 天，所以建議買生的栗子回家烤，剛烤好的栗子香氣濃郁。整年都能製作甘栗酒。

註 在台灣的中藥行、迪化街、南北貨雜貨店都可以買到。請選擇信譽良好的商家購買。

品嚐・風味

常溫時直接飲用約20毫升的分量，或兌入熱水（可加點奶油，讓身體暖和）和牛奶一起喝。

做法

1

用刀在帶殼栗子的底部劃一個十字刻痕，用手剝開殼，去除裡層薄膜（不要用指甲剝）。

2

將甘栗放入容器中，倒入蘭姆酒。

MEMO 栗子殼比較硬，可以先蒸約 1 分鐘，會比較容易剝開。另外，也可以用剝殼專用器，更省時省力。

2 個月後

1 個星期後

當天

可可碎粒酒

可可碎粒是將可可豆破碎成小碎塊，可以享受巧公克力般的香氣與風味。
它富含可提高記憶力和注意力可可鹼（Theobromine），
以及能提升免疫力的可可多酚。

選擇材料・浸泡時間

雖然整年都能浸泡這款酒，但販售可可碎粒的店家較不多見。可以到烘焙材料行、高級食材店，或是網路購買。

註 在台灣也是在烘焙材料行或網路可購得。

品嚐・風味

可以加入冰塊、開水飲用，或是加入牛奶（依喜好加入香草精）享用。

■ 建議容器與材料

保存容器	1 公升
可可碎粒	80 公克
冰糖	80 公克
龍舌蘭	640 毫升

■ DATA

品嚐時間｜約 1 個月後

成本｜便宜　中等　較貴

風味｜巧克力的風味

換成其他基底酒也 OK｜伏特加、日本燒酎（酒精成分 20 ～ 25%）

效果｜抗氧化、促進血液循環、抗菌作用、增強記憶力、增強注意力、消除便秘、放鬆身心、美肌

MEMO 可可碎粒本身並沒有甜味，可依喜好加入適量甜味劑調整風味。

1 個月後　1 個星期後　當天

做法

1

將可可碎粒、冰糖放入容器中，倒入龍舌蘭。

柴魚片酒

柴魚片具有高蛋白、低脂肪的特性，含有 9 種必需胺基酸，是營養豐富的發酵食品。
其鮮味來源肌苷酸（Inosinic acid）有提升持久力的效果。
柴魚片一旦開封，風味與口感會變差，若做成柴魚片酒，可延長使用時間。

選擇材料・浸泡時間

整年都能買到。若想完成風味更濃郁的柴魚片酒，可選用包裝袋原料處註明「枯節」（荒節經過發霉、日曬、乾燥到熟成的工序，成品即枯節）的產品，一般則使用註明「荒節」（經煙燻焙乾的柴魚）的產品即可。

註 在台灣的超市、南北貨雜貨店都可以買到。請選擇信譽良好的商家購買。

品嚐・風味

可以加入冰塊、開水飲用，或是加入牛奶（依喜好加入香草精）享用。

MEMO 柴魚片富含鉀、維生素、鈣和礦物質等營養成分。

■ 建議容器與材料

保存容器	1 公升
柴魚片	25 公克
日本燒酎（酒精成分 25%）	475 毫升

■ DATA

品嚐時間｜約 1 個月後

成本｜便宜　中等　較貴

風味｜口感佳、順口

換成其他基底酒也 OK｜伏特加、日本酒（酒精成分20%以上）

效果｜緩解疲勞、降低血壓、燃燒脂肪、抗氧化、促進血液循環、美肌

1 個月後

1 個星期後

當天

做法

1

將柴魚片充分揉碎。

2

將柴魚片放入容器中，倒入燒酎。

卡菲爾萊姆葉酒

卡菲爾萊姆（Kaffir Lime）是萊姆的同類，
相較於果實，它的葉片更常用在料理。
散發類似檸檬的清爽香氣，
是烹調泰國料理時不可缺的香氣來源。

選擇材料・浸泡時間

可以在泰國食品材料行或超市中買到。因為是乾燥葉片，所以隨時都能浸泡。

註 在台灣可以從網路上購得。請選擇信譽良好的商家購買。

品嚐・風味

可以加入冰塊、開水、氣泡水和熱水飲用。

做法

1

將卡菲爾萊姆葉放入容器中，倒入威士忌。

1 個月後

當天

■ 建議容器與材料

保存容器	500 毫升
乾燥卡菲爾萊姆葉	2 公克
威士忌	475 毫升

■ DATA

品嚐時間｜約 1 個月後

成本｜（便宜　中等　較貴）

風味｜柑橘般的酸與苦

換成其他基底酒也 OK｜白蘭地、龍舌蘭、泡盛

效果｜抗氧化、促進消化、促進血液循環、美肌

膨糖酒

膨糖（椪糖）是昭和時代（1926 ～ 1989 年）孩童們在便宜零食店或祭典中一定會買的糖果。只要準備白雙糖、小蘇打粉和水，在家就能簡易製作。因為沒有加入奶油等油脂，算是健康樸實的點心。

選擇材料・浸泡時間

常年都能買到。在祭典時，還會出現加入蛋白的膨糖。可以在網路商店輕鬆購得。

註 台灣台南的著名小吃，讀者可從網路購得，或自行在家製作。

品嚐・風味

可以加入冰塊、開水和牛奶飲用。

做法

1

將膨糖放入容器中，倒入燒酎。

1 個月後

當天

■ 建議容器與材料

保存容器	800 毫升
膨糖	100 公克
日本燒酎（酒精成分 20%）	400 毫升

■ DATA

品嚐時間｜約 1 個月後

成本｜（便宜　中等　較貴）

風味｜強烈的甜味

換成其他基底酒也 OK｜伏特加

效果｜抑制胃酸過多（此酒中的膨糖含小蘇打）、緩解疲勞

核桃酒

核桃一方面含有 Omega-3 脂肪酸、抗氧化物質、維生素、
礦物質和蛋白質、食物纖維，卻是高熱量、高脂肪食品，所以要注意食用量。
每日的攝取量建議約為一把（28 公克）。

■ 建議容器與材料

保存容器	1 公升
無鹽核桃	150 公克
白蘭地	100 毫升
甲類燒酎	550 毫升

■ DATA

品嚐時間｜約 5 個月後

成本｜便宜　中等　較貴

風味｜先感受到辣與苦，然後散發核桃的風味

換成其他基底酒也 OK｜蘭姆酒

效果｜預防生活習慣病、改善失眠、消除便秘、降低膽固醇、預防高血壓、美肌

選擇材料・浸泡時間

整年都能買到。核桃所含的次亞麻油酸（α-Linolenic Acid）使得氧化加速，所以盡可能趁核桃還新鮮時立刻浸泡酒類。

註 在台灣的迪化街、南北貨雜貨店都可以買到。請選擇信譽良好的商家購買。

品嚐・風味

常溫時直接飲用約20毫升的分量，或加入牛奶（依喜好加入蜂蜜、砂糖）享用。

MEMO 將核桃放入容器中，倒入白蘭地和燒酎。

5 個月後

1 個星期後

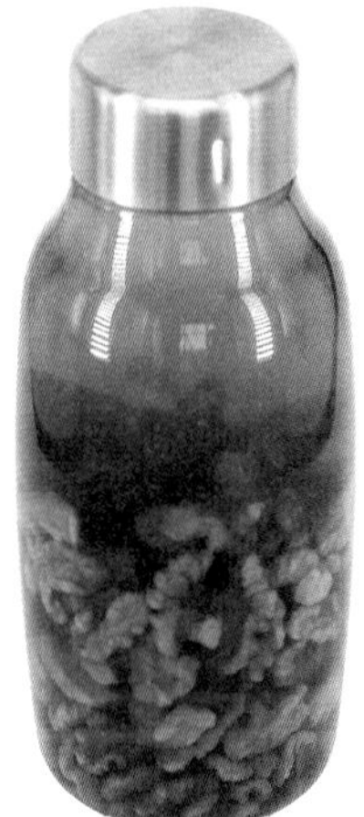

當天

做法

1

將核桃放入容器中，倒入白蘭地和燒酎。

黑芝麻酒

黑芝麻的黑色花青素具有極高的抗氧化作用，抗老化效果十分亮眼，
而且含有豐富的必需脂肪酸。直接食用黑芝麻較不易消化、吸收，
建議飲用黑芝麻酒，更能有效地攝取養分。

■ 建議容器與材料

保存容器	1 公升
黑芝麻	160 公克
甲類燒酎	640 毫升

■ DATA

品嚐時間｜ 約 6 個月後

成本｜ 便宜　中等　較貴

風味｜ 濃郁的黑芝麻特有香氣

換成其他基底酒也 OK｜ 伏特加、龍舌蘭

效果｜ 消除便秘、預防宿醉、預防失智症、預防生活習慣病、美肌

選擇材料・浸泡時間

整年都能買到。可選擇顏色深、具光澤和粒粒分明的。

註 在台灣的迪化街、超市、南北貨雜貨店都可以買到。請選擇信譽良好的商家購買。

品嚐・風味

可兌入牛奶享用。也可以加入一點點黃豆粉、黑糖蜜，品嚐不同的滋味。

MEMO 黑芝麻富含蛋白質、維生素 E、B 群、鈣和鐵等營養素。同時，也含有不飽和脂肪酸的亞麻油酸（Linoleic acid）、油酸（Oleic acid），有益於降低膽固醇。

6 個月後

1 個星期後

當天

做法

1

將黑芝麻放入平底鍋中，以中火乾炒，一邊搖晃平底鍋，等冒煙後立刻熄火，迅速倒入鐵盤中，等黑芝麻冷卻。

2

將黑芝麻放入容器中，倒入燒酎。放入黑芝麻時，可以用漏斗輔助。

昆布酒

昆布的 30%是食物纖維。其所含的精胺酸（Arginine）、
水溶性食物纖維褐藻醣膠（Fucoidan）可以抑制膽固醇的吸收量，保護胃黏膜。
此外，昆布熱量低，能攝取維生素和礦物質，很適合減重時食用。

選擇材料・浸泡時間

在超市隨時都能買到，任何季節都能浸泡昆布酒。

註 在台灣的迪化街、超市、南北貨雜貨店都可以買到。請選擇信譽良好的商家購買。

品嚐・風味

在台灣的迪化街、超市、南北貨雜貨店都可以買到。請選擇信譽良好的商家購買。

■ 建議容器與材料

保存容器	1 公升
昆布	25 公克
燒酎（酒精成分 25%）	475 毫升

■ DATA

品嚐時間｜約 1 個月後
成本｜便宜　中等　較貴
風味｜昆布的風味香氣
換成其他基底酒也 OK｜伏特加、龍舌蘭
效果｜舒緩發燙和水腫、改善腫脹、消除便秘、降低血壓、美肌

MEMO 昆布表面附著的白粉，是其鮮味成分麩胺酸（Glutamic acid）的一種，所以不用擦掉，直接使用即可。

1 個月後

做法

1

將昆布放入容器中，倒入燒酎。

落花生酒

落花生一般叫作花生，另一別名是南京豆。落花生的脂質含有油酸（Oleic acid），可以降低壞膽固醇的濃度。它還含有大量的蛋白質、維生素類，薄皮則富含可以抑制罹癌的多酚。

建議容器與材料

保存容器	1 公升
帶薄皮的無鹽落花生	220 公克
甲類燒酎	580 毫升

DATA

品嚐時間｜約 6 個月後

成本｜便宜　中等　較貴

風味｜落花生的風味

換成其他基底酒也 OK｜白蘭地、蘭姆酒

效果｜預防夏日倦怠、預防貧血、預防血栓形成、預防高血壓、抗氧化、美肌

選擇材料・浸泡時間

日本的落花生幾乎都產於千葉縣，進口的數量豐富，整年都買得到。建議使用帶薄皮的無鹽落花生製作這款酒。

註 在台灣的迪化街、超市、南北貨雜貨店都可以買到。請選擇信譽良好的商家購買。

品嚐・風味

建議加入牛奶飲用，可依個人喜好加入蜂蜜或砂糖。

MEMO 對落花生過敏的人，盡量控制攝取量。

6 個月後

1 個星期後

當天

做法

1

將落花生放入容器中，倒入燒酎。

2

定期搖晃容器，可以加速熟成。

自製酒 Q&A

第一次釀酒，想必有許多疑問。以下回答釀造時的小疑惑。

浸泡前準備

Q 蒸餾白酒與燒酎不同嗎？

A 在日本，燒酎依蒸餾方式可分成甲類及乙類。甲類指蒸餾白酒，無味、無臭、無強烈特色，容易發揮浸泡原料的原始風味，酒精成分高達35度，保存性高，非常適合製作藥酒。以薯類、小麥等為原料的本格燒酎及泡盛則是乙類，可以充分展現原料原有的風味，酒精成分如果在20度以上，亦可用來釀製藥酒。

Q 常用基酒的酒精成分大概多少？

A 藥酒常用的蒸餾白酒為35度，其他像威士忌、白蘭地、蘭姆酒、琴酒、伏特加等大概40度左右，有些龍舌蘭酒超過90度，但釀製藥酒，40度左右較為合適。酒精成分太高，雖有不易腐爛的優點，但缺點是不易熟成。泡盛大多在15～30度左右，日本酒成分主要落在15～16度，不過只要使用20度以上的日本酒，便符合酒稅法規定，然而酒精成分低，相對地保存性也較差，應盡快飲用完畢。啤酒酒精成分約5度前後，紅酒則在7～16度左右，不可釀製藥酒。

Q 市面上有哪些基酒可以釀製水果酒？

A 水果酒釀造常用蒸餾白酒做為基酒。蒸餾白酒為燒酎的一種，無味、無臭，可以發揮材料原有的風味，酒精成分35度，比起其他燒酎，保存性更好，適合長期保存的水果酒。日本酒酒精成分多在20度以下，釀製水果酒的日本酒至少需要20度。日本酒特有的香甜與水果相互作用，能夠創造香醇口感。此外還有浸泡果實酒用的白蘭地。每到梅酒釀製季節，超市等賣場便會陳列販售這些水果酒用基酒，價格親切，購買方便。

Q 我不想攝取太多糖分，可以用減糖的甜味劑嗎？

A 砂糖不僅可賦予藥酒甜味，它的主要功能是從原料萃取精華，以及提高藥酒的保存性。尤其，藥酒經常使用的冰糖未經漂白，符合健康需求，而且純度高，可以充分發揮原料風味。減糖的甜味劑，萃取原料精華的力道不足，不建議單純使用人工甜味劑來浸泡藥酒。與其將人工甜味劑用於浸泡，不如在飲用時直接添加於杯中使用。

Q 可使用散發香甜氣味的黃梅嗎？

A 請放心使用。成熟的黃梅不僅果實碩大飽滿，外皮也相對軟嫩。黃梅浸泡出來的梅酒，香甜醇厚，相較於青梅酒，別有一番滋味。但請挑選帶有硬度的黃梅，梅子過熟，果肉可能會軟爛，造成梅酒渾濁，這時，取出梅子後，再用濾網過濾溶液即可。

Q 任何材料都可以製作浸泡酒嗎？

A 水果基本上都可以拿來浸泡，但請挑選尚未完全成熟、還帶有硬度的果實。過熟的果實，果肉容易分解，使液體變渾濁，應盡量避免。石榴皮帶有毒性，請勿浸泡。

Q 可以用金屬蓋的容器嗎？

A 柑橘類等酸性原料浸泡在不耐酸的金屬罐中，會生鏽而降低浸泡酒的口感或風味，所以容器建議使用玻璃或不鏽鋼製品。如果是金屬蓋，請在瓶口處於瓶身與蓋子之間夾一層保鮮膜後再封蓋，避免蓋子直接接觸。

Q 食用花要去哪裡買？

A 百貨公司及大型超市的蔬菜專區都可以找到食用花，最近網路也買得到。請勿使用一般觀賞用鮮花。

浸泡中及浸泡做法

Q 如何備料？

A 首先，請將材料清洗乾淨。水果蔬菜常連皮浸泡，所以徹底清潔材料表面上附著的汙垢、灰塵十分重要。若有農藥殘留疑慮，可用約50度的溫水洗淨。清洗後，務必用廚房紙巾等仔細擦乾，若殘留水氣，容易失敗。

Q 柑橘果肉上的白絡非得剔除嗎？

A 若不剔除柑橘白絡直接浸泡，成品會變苦澀，請盡可能剔除。使用竹籤或牙籤，便可順利剔除細小的白絡。日向夏蜜柑這類白絡帶有甜味的品種，則可直接浸泡。

Q 在衛生方面，應注意哪些事項？

A 保存容器洗淨後，基本上應採用自然風乾，如果用布擦拭，可能會殘留纖維，請勿使用。浸泡前一刻，必須用酒精消毒，除了容器以外，刀具、砧板等道具也請一併清潔。在意徒手接觸材料的讀者，不妨戴塑膠手套，便可安心製作。

Q 容器太大了，會不會壞掉？

A 浸泡的材料只要不接觸到空氣，便無須擔心會腐壞。不過，如果材料有浮出表面的疑慮，可將保鮮膜輕柔抓皺，平鋪覆蓋於液體表面，再封蓋密封。

Q 砂糖沉在底部，我怕甜味無法融合。

A 砂糖比重大於酒，所以剛浸泡時，會沉積在容器底部。浸泡後2～3日內，可以輕晃容器，讓砂糖成分及原料精華在溶液中均勻混合，然而不搖晃也無大礙。

Q 可以加肉桂等香料嗎？

A 本書配方採用最小限度的材料，所以讀者可以盡情依自己喜好，另行添加肉桂、胡椒等來調整。或者，亦可依照配方釀製，飲用時再隨興添加喜歡的辛香料來增添風味，不過應酌量，添加太多配料，反而會喧賓奪主，搶走水果等主角的風采。

浸泡後

Q 保存場所的「陰暗處」是指哪些地方？

A 一般指沒有陽光直射、通風良好的地方，而且最好溫度低（15度C以下），沒有溫差。水槽下方濕氣太重，不是十分推薦。

Q 冰糖剩很多，除了藥酒以外，有其他用途嗎？

A 剩餘的冰糖可以拿來燉菜、製作果醬。由於冰糖成塊狀，溶解需要時間，但純度高，沒有其他雜味，使用方便。

Q 我忘記取出檸檬了，應該沒關係吧？

A 關係很大。檸檬請務必在一定的期限內取出，帶皮檸檬最多一個月，去皮檸檬則以兩個月為限，超過以上時間，浸泡酒會變苦澀難飲。忘記取出檸檬，就算事後用甜味劑，也於事無補。

Q 什麼樣的口感才是「最佳飲用時間」

A 原料、糖、基酒的口感及風味融合，喝起來醇厚溫順，就是最佳飲用時間。試飲時澀味、酸味明顯，舌尖或是入喉的口感不好、刺刺的、感覺不對，就表示還不到最佳的飲用時間，再等待一些時間，靜候熟成吧！

Q 過濾後的浸泡酒該如何保存？

A 濾過的浸泡酒可以放回原來的陰暗處保存，不過如果是以酒精成分較低的日本酒為基酒釀造，請冷藏存放，並盡早飲用完畢。

Q 如果是為了健康每日飲用，該如何拿捏分量？

A 如果是為了健康當作藥酒每日飲用，少量即可，一天參考用量大約20毫升，最多不超過30毫升（大概清酒豬口杯一杯的量）就夠了。飲用藥酒並不會立即見效，所以每天少量、長期持續飲用十分重要。

Q 自家釀酒不能贈與他人嗎？

A 一般認為私釀酒是個人私下或與家人享用的物品，酒稅法雖然禁止販售私釀酒，但並沒有明文規定不可轉讓給他人（2020年4月資料），所以可在一般認知範圍內與親朋好友一同享樂，若是贈與，以小瓶裝為佳。
※酒稅法內容亦有可能變更，請適時查看確認。

Cook50207

自家製酒 200 品

1 天也可成的！果實酒、蔬菜酒、花＆香草酒、茶酒及藥用酒全攻略

作者｜福光佳奈子
譯者｜林姿呈、陳文敏（第 1 ～ 6 章）
美術設計｜許維玲
編輯｜劉曉甄
校對｜連玉瑩
企畫統籌｜李橘
總編輯｜莫少閒
出版者｜朱雀文化事業有限公司
地址｜台北市基隆路二段 13-1 號 3 樓
電話｜ 02-2345-3868
傳真｜ 02-2345-3828
劃撥帳號｜ 19234566 朱雀文化事業有限公司
e-mail ｜ redbook@hibox.biz
網址｜ http://redbook.com.tw
總經銷｜大和書報圖書股份有限公司 (02)8990-2588
ISBN ｜ 978-986-99736-7-0
初版一刷｜ 2021.05
定價｜ 450 元
出版登記 北市業字第 1403 號

國家圖書館出版品預行編目

自家製酒200品：1天也可成的！果實酒、蔬菜酒、花＆香草酒、茶酒及藥用酒全攻略／福光佳奈子 著，林姿呈、陳文敏 譯-- 初版. -- 臺北市：朱雀文化, 2021.05
面；公分 --（Cook50；207）
ISBN 978-986-99736-7-0（平裝）
1. 酒.
427

About 買書

●朱雀文化圖書在北中南各書店及誠品、金石堂、何嘉仁等連鎖書店均有販售，如欲購買本公司圖書，建議你直接詢問書店店員。如果書店已售完，請撥本公司電話 (02)2345-3868。

●●至朱雀文化網站購書（http://redbook.com.tw），可享 85 折優惠。

●●●至郵局劃撥（戶名：朱雀文化事業有限公司，帳號 19234566），掛號寄書不加郵資，4 本以下無折扣，5 ～ 9 本 95 折，10 本以上 9 折優惠。